第六版

大学講義

技術者の倫理

入門

杉本泰治・福田隆文・森山 哲・高城重厚　著

丸善出版

はじめに

　技術者倫理のテキストとして本書には，三つの特徴がある．第1の特徴は，科学技術と倫理に，法を加えた3面を，視野に置くことにある．社会の主な規範に，法と倫理がある．規範は，守るべき「きまり」である．技術者は科学技術を担い，その科学技術に，法と倫理が接する．技術者が専門技術をしっかりとコントロールしているつもりでも，法や倫理がコントロール外だったら，どうなるだろう．モラルの意識が欠け，法に反するようなことが，技術を誤らせる．事故や不祥事の多くは，そうして起きる．

　技術者が専門技術をもって働く現場で起きる問題である．法や倫理の専門家に相談していては間に合わないこともあり，専門外へのハードルを越えて，自分で判断できるようにしなくてはならない．

　そこで第1章は，わずか9頁だが，よく読めば，技術者の考えが，法や倫理へ向かうようになる．ハードルは，その気になれば，容易に越えられるようだ．

　2011年3月11日，東北地方太平洋沖地震に伴う大津波によって，東京電力福島第一原子力発電所の事故（福島原子力事故）が起きた．第2（と第3）の特徴は，福島原子力事故が気づかせた．日本で倫理といえば，学問であり，普通の人には教養だった．しかし，技術者に必要なのは，人を意識づけ，人を動かし，社会を動かす力のある倫理である．実際，AIや生命科学という先端領域の倫理は，倫理への信頼に支えられている．

　まず第2章が，意識づける倫理の中心である．第3章は，組織の倫理として，倫理規程，組織の業務執行，倫理上の意思決定のシステムを見る．第4章は，技術者が働く代表的な三つの場面を，関連の事例で示す．

　第3の特徴は，「安全文化」であり，意識づけられた人が，行動する枠組みである．意識づける倫理とこれが，技術者の倫理の必要条件となる．

　第5章で，1986年に始まる一時期に起きた四つの大事故から，安全文化が育った過程をたどる．安全文化を理解する最短ルートといえよう．第6章で，安全文化モデルを適用して，日本の課題をつかみ，福島原子力事故の構造を明らかにする．

本書で前版までに説いたことは，間違いではなかったが，以上の趣旨により，この第六版（改訂版）は，第 1 〜 6 章と第 10 章を大幅に組み直した．著者 3 人の数年にわたる倫理と安全文化の共同研究の成果である．

第 7 章から最後の 15 章までは（第 10 章を除く），第五版を継承し，科学技術を人間生活に利用する専門職として技術者が，仕事をしていくために必要なことを扱っている．第 7 章は，技術者とその資格，第 8 〜 9 章は，事故が起きて後の責任の法，第 11 章は説明責任，第 12 章は内部告発，第 13 章は自然環境と持続可能な開発，第 14 章は技術者の財産的基礎，そして 15 章が国際関係である．

謝　辞

本書初版は，2000 年に東京工業大学で始まったばかりの，技術者倫理の授業のレジュメの集成だった．共同で授業を担当し，共著者となった同志の高城重厚は，故郷鹿児島の大口の地に眠る．ご冥福をお祈りする．

ハリス，ラビンズ，プリッチャードの 3 教授の『科学技術者の倫理——その考え方と事例（初版）』（邦訳，丸善，1998 年）には，倫理の基礎を学び，米国と日本の違いについて深く考えさせられた．チャレンジャー事故の記述は，安全文化の解明に大きく寄与した．

この第六版（改訂版）で，意識づける倫理と安全文化という，新たな見方を取り入れる基礎となったのは，太田勝造先生（東京大学・明治大学）に導かれて法社会学のコミュニティに入れていただき，平田彩子先生の論文で，規制行政に「学問のエア・ポケット」があること（第 10 章参照）をはじめ，啓発されたこと．そして，村上裕一先生（北海道大学）が，やはり規制行政に関して，行政学の立場からご指導のうえ，新たな見方のモニタリングをしてくださり，難問だった安全文化の解明への道程となった．

第五版で，中村昌允，佐藤国仁の両先生が改訂に参加してくださり，本版に至っている．

ここに記し，心から感謝申し上げたい．

2024 年 1 月

著者代表　杉 本 泰 治

目　次

第六版

大学講義

技術者の倫理

入門

申し上げるまでもなく、科学の進歩の速さには驚異的なものがあります。科学が進歩し続ければし続けるほど、科学をしっかりとコントロールできるような確かな心が必要になります。知識と心の均衡のとれた教育が求められるゆえんであります。子どもは大人社会・・・・を見ながら育ちます。まず大人自らが、倫理やモラル・・・・・・に普段から注意しなければなりません。

二〇〇〇年一月 小渕恵三首相（当時）施政方針演説
＊一九九八年にハリスらのテキストの邦訳『科学技術者の倫理』が出て、翌九九年に東海村JCO臨界事故が起き、科学技術の安全確保に技術者倫理への関心が高まる。「倫理」と「モラル」という語が使われているところに注目願いたい（傍点は本書筆者による）。

第1章　何を学ぶか

　技術者の倫理は，日本では，1990年代末に，先行していた米国のテキスト[1]による学習で始まった．国際共通の技術者の倫理の理解が必要となったからである．日本で倫理といえば，倫理の学問を築いた先賢の思想であり，高校の倫理科目で教えるのも，思想史のような内容だった．この新しいタイプの倫理は，日本にはなかったので，米国のテキストに学んだのである．

　米国のテキストは，ハリスらの著作の例では，倫理教授のハリスおよびプリッチャードと，プロフェッショナル・エンジニア（PE）で工学教授のラビンズとの共著である．分担執筆ではなく，全体が合作である．他のテキストも，同様に倫理学と工学の協力だった．

　ハリスらのテキストをみても，技術者の教育に役立てようとの著者たちの誠意と熱意が感じられる内容である．倫理の知識とともに，豊富な事例がちりばめられている．

　しかし，標準的な米国人学生が対象のせいか，日本人にはわかりにくいところがある．米国人には当たり前で，書かれていないことがあるようだ．そこに大事なことがあり，日本人にどのように説くか，本書では前版まで工夫するうちに10年余りが過ぎた．と，そこで起きたのが2011年3月，福島原子力事故である．

1.1　技術者倫理の枠組み

　福島原子力事故が起きてみると，日本は技術者倫理を推進しながら，この事故を防げなかった．技術者の倫理教育は，それでよいのか，と言われたら，反論できるだろうか．事故の防止ばかりが倫理教育ではないが，反省しないわけにはいかない．

1　出版の順に，①ハリス，プリッチャード＆ラビンズ著，日本技術士会訳編『科学技術者の倫理－その考え方と事例(初版)』丸善(1998)．原著は，Harris, C.E., Pritchard, M.S. & Rabins, M.J.: "Engineering Ethics: Concepts and Cases", Wadsworth(1995)．②ヴェジリンド＆ガン著，日本技術士会環境部会訳編『環境と科学技術者の倫理』丸善（2000）．③ウィットベック著，札野順・飯野弘之訳『技術倫理1』みすず書房（2000）．④シンジンガー＆マーチン著，西原英晃監訳『工学倫理入門』丸善（2002）．

(1)　技術者倫理の条件

　日本が米国のテキストに学び，10年余りやってきた技術者倫理の教育は，間違いではなかった．ただ，何かが抜けていた．この事故は，思いもよらない，途方もなく大きな問題に気づかせたのである．抜けていたのは，倫理は人を動かし，社会を動かす力があるとして，信頼されるものだ，ということである．従来，日本では，倫理は，およそ知識であって，倫理の力とか信頼というものではなかった．

　この問題が米国のテキストに出ていないのは，それが普通に行われている社会なら，いちいち書かないのだろう．そうすると，米国の社会では，倫理に力があり，倫理への信頼があって，日本には，ない，という違いだ．この国で暮らすわれわれの生き方・働き方や，社会のあり方にかかわる根本の問題と思われる．

　こうなると，技術者倫理は，何を学ぶか，考え直さなくてはならない．本章の前版までにはなかったタイトルが，それである．米国のテキストを日本語に直すだけでは，足りないし，米国育ちの技術者倫理の，表面をなぞるようなやり方でなダメなのだ．日本は，日本の立場で，考えなくてはならない．

安全文化との出会い

　技術者の倫理では，あとで見るように，技術者の倫理規程は，「公衆の健康，安全，および福利を最優先する」．つまり，目標に，安全の確保がある．

　ところが現代，人間が精魂込めて取り組んできた，もう一つの安全確保がある．1986年に起きたチェルノブイリ事故を機に，IAEA（国際原子力機関）が提唱し，あらゆる産業に広がった「安全文化」がそれである．

　福島原子力事故の原因が，IAEAや日本政府によって日本の原子力における安全文化の不足にあるとされ，安全文化が注目される一方で，倫理が話題になることは，ほとんどない．技術者倫理の重要性を説いても，誰も振り向いてくれない．安全文化が重視されている反面，倫理は存在感がないのである．これは大変なことだ．もはや倫理は，安全に関する限り，安全文化に取って代わられ，役目を終えたのだろうか．

　この問題を難しくしているのは，倫理を論じる米国のテキストは，安全文化に触れていない，安全文化を論じるIAEAの文書は，倫理に触れていない．倫理と安全文化の関係が不明なのである．いいかえれば，解決への手がかりは，

図1.1 技術者の倫理の視野

倫理と安全文化の関係にある.

倫理と安全文化の関係

技術者が安全確保に従事するとき,安全確保に向けての,行動がある.次章以下で解明されることを,先取りすれば,こうである.

倫　理:(行動するよう)意識づける.

安全文化:行動の枠組みを与える.

倫理には,規範がある.規範(norm)は,人が守る「きまり」である.規範があり,意識づけがあって,枠組みどおりの行動がなされ,安全が確保される(図1.1).倫理と安全文化は,このよう関係だから,安全文化が倫理に取って代わるようなことは,ありえないことだ.両方が必要なのである.

技術者倫理は,実務の倫理(practical ethics)であって,倫理の学問の哲学的な倫理(philosophical ethics)とは,違いがある.後者が,倫理の規範を中心に,学問的な取組みをするのに対して,技術者倫理は,規範があって,意識づけし,行動し,それが安全確保の成果をあげるまで見届けなくてはならない.それが,技術者倫理の条件である.

(2) 技術者倫理二つの主題

技術者の倫理には,二つの主題があることが,わかってきた.

主題1: 意識づける力のある倫理

日本では,倫理は従来,学問であり,普通の人にとっては教養というレベルのことだった.倫理が人を意識づけ,社会を動かす力があるとは,まず聞いたことがない.しかし,こうして気づいてみると,それがあってこそ,倫理は大切なのだ.意識づけがどのようになされ,社会を動かすのか,知りたい.そして,日本もそうなるとよい.

西洋という語は,東洋の対だが,欧米というくらいの意味に用いる.

西洋の社会は,倫理を生んで育て,大切にしてきた.現代になって20世紀

初頭，エンジニアが気づき，米国でエンジニア団体が倫理規程を制定するようになった．

　西洋で育った倫理は，どのように意識づけし，信頼されるものか（第 2 章），技術者の倫理を表現する倫理規程（第 3 章），そして技術者が働く代表的な三つの場面を，事例とともに示す（第 4 章）．

　主題 2 ：　行動の枠組みを与える安全文化

　西洋の社会は，科学技術を生んで育てた．科学技術が自生した西洋の社会では，科学技術の危害が出現する時代に，危害を防いで安全確保を図る手がかりもまた自生し，人々はその手がかりを利用して安全確保を目指してきた，それが 1986 年に起きたチェルノブイリ事故を機に見出され，「安全文化」と名づけて提唱された．

　その安全文化が，日本ではほとんど理解されないでいるうちに，福島原子力事故が起きた．この事故の原因が，前記のように「安全文化の不足にある」とされながら，その安全文化がよく理解できていないから，結局，事故原因は不明のままになっている．

　ちなみに，科学技術は社会のなかで，法，倫理に接する．その接するところ，つまり学際に，ときに“空白”がある．安全文化が理解できていないのは，そういう“空白”の一つである．技術者は，科学技術が専門だが，学際に気を配らなくてはならない．

　本書では，安全文化がどのようなものか明らかにし，福島原子力事故の構造を解明するところまで進める．西洋社会で，重大事故から安全文化はどのように育ったか（第 5 章），安全文化が与える行動の枠組みは，安全確保にどのように役立つか，そして福島原子力事故の構造をとらえる（第 6 章）．

　倫理教育の方法の改善への期待

　ハリスらのテキストは，豊富な事例を収めている．それは，事例を数多く学んで，行動の仕方を身につける伝統的なやり方といえよう．それに対して，安全文化は，安全確保の行動の，一般的な枠組みを与える．安全文化を学ぶことで，かなりの程度，事例学習を代替でき，倫理教育の改善へとつながる可能性がある．これまでになかったタイプの事例学習の例が，まさに第 5 章と第 6 章である．この二つの章を，そのつもりでご覧いただきたい．

　日本の課題

　日本の課題は，西洋で育った技術者倫理と安全文化を，すなおに理解して，

すなおに受け入れること，そうして，日本の社会に根づき，西洋社会におけると同じように，科学技術の安全確保に必要なものが，この国の社会に自生するようになることだろう．

1.2 社会の二つの規範

法は，倫理とともに，社会の秩序を保つ規範である．社会規範の主なものに，法と倫理の二つがあるといってもよい．法が力を持ち，倫理が力を持って，互いにつながって共存し，社会の秩序は保たれる．

日本の法 / 日本の倫理

いまの日本の社会規範は，明治維新に始まる．日本は明治期に，西洋の原理による法を受け入れた．それまでの幕政時代とは異質な法を，自国のものにした．主要な法律で一番最後になった民法は，立法を志して 30 年，さまざまな難関を乗り越え，明治 31（1898）年に施行された．

以来，百余年，日本人は西洋と共通の法のもとで暮らしてきた．法に関しては，日本は西洋の原理による法によって，秩序を保っている．日本人が西洋と同じ原理の規範のもとで生活できることが，歴史的に証明されているといえるのではないだろうか．ところが，倫理のほうは，そのようには進んでいない．

法では，倫理は別ものにされ，法のみの論理が展開する．日本は "法治国" であることや，"法の支配" ということが説かれる．それはそのとおりでも，法ばかりが強調される．

日本に倫理がないわけではないが，力がなく，法のみが力を持つ社会である．そのことがこの国を，いくらか，堅苦しいものにしていないだろうか．

法の特徴 / 倫理の特徴

法も，倫理も，持ち主は人間である．法の特徴として，規範を文章にした法律[2]が，国民に向けて公示される．法律の文章を通じて，共通の理解が形づくられる仕組みである．

法は，規範として法律を掲げ，法律に従って行動するよう要求し，そうしなければ違法として制裁される．その制裁には，民事訴訟法，刑事訴訟法，などの手続きや，それらを所管する裁判所について定める法律があり，さら

2　議会の議決をへて制定された法を「法律」といい，それを含む広い意味に「法」を用いる．

に刑事収容施設やそこに収容される者の処遇に関する法律までである。つまり，法では，規範，行動，評価のひとつづきのことが，誤解の余地のないよう明文化されている。

それに対して，倫理は，モラルの規範など，数カ条ないし10カ条という少数の規範はあるものの，本体は人の心に宿る。精神に宿る，といってもよい。われわれ人間の，心のうちのモラルの意識の問題である。目に見えず，共通の理解を確かめるのが難しい。それを，どのように，みんなが納得する共通のものにするか，難しいことのようだが，西洋の社会では長い歴史の間に，実現している。共通モラル（common morals）というのが，それである。

西洋で共通モラルが育つ過程を見ると，それは日本人にもありうるのである（第2章）。日本の課題は，西洋で育った倫理を理解して，すなおに受け入れ，日本の社会に根づかせることと思われる。

倫理は，われわれ自身の心のことだから，その意味で近づきやすい。この国の社会において，法とともにある倫理のあり方を，自分の問題として考えよう。

1.3　法はモラルの最小限度

法と倫理の関係について，一歩進めよう。

20世紀初頭 英国で

20世紀初頭のオックスフォード大学教授ヴィノグラドフの著書[3]は，法学の古典として定評がある。教養ある人々は，法について関心をもつべきで，経済理論のある程度の知識をもたないで，経済的なことに合理的な見解をもつことができるとは，誰も考えないだろう。それと同じで，法理のある程度の理解なくして，法の諸問題を論じるのは，論外である。法の世界における人間の心の働きは，常識に基礎をおくものであり，普通の知性と教育のある人が，この心の働きをたどることは決して困難ではない，と説いた。

そして，「法はモラルの最小限度」ということを，つぎのように述べている。

> モラルが一定の社会的決定によって強行できる限りにおいて，法はモ
> ラルである。言いかえれば，法は，その社会が公式化して採用したモラ

3　Vinogradoff, Paul, Sir: "Common Sense in Law", Oxford in Asia College Texts, p.21(1959). 初版は1913年。末延三次・伊藤正己訳『法における常識』岩波文庫，24頁（1972）を参考にさせていただきながら，本書読者向きに筆者が翻訳した。

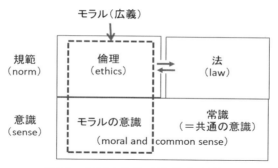

図 1.2　モラルと倫理，法と倫理の関係

ルの最小限度（minimum of morality）である.

　法には人間関係が対象でないものもあるから，法のすべてがそうではない，と断ったうえで，さらにつぎのようにいう（要旨）.

　　　一つはっきりしていることは，法的義務は，モラルの義務よりも厳格で，より強制的である．モラルの義務の違反は，多くの場合，実質的な懲罰を直接に受けることなく，ただ世評を失うという形ですむ．多くの悪党は，法の規定に反しないよう注意しさえすれば，その悪業を償うことなしに一生を送るのだ.

　モラルは，人間の本性で，法は二次的なもの，つまり，人間には本来，モラルの義務があり，そのうち，社会のみんなに強制的に及ぼすべきことが，公式に法として定められる．それゆえ，「法はモラルの最小限度」といえる．いいかえれば，制定された法律の背後には，モラルがあり，モラルが背後にあって法律を支えている，

　法律とモラルの関係が，そうであれば，既成の法律のない場合に，法律に代わって，モラルが役に立つわけだろう.

法と倫理の互いに補う関係

　法と倫理は，法では足りないところを倫理が補い，倫理では足りないところを法が補う関係である（図 1.2）．自動車の運転の例では，道路交通法という法の規制で安全が確保されているのは確かだが，同時に，事故を起こさないようにしようというドライバーの自律がある．逆に，ドライバーの自律がどれほど強固でも，道路交通法による速度・横断・追越しなどの規制に不備があれば，事故につながる.

倫理の作用は，過小評価しても，過大評価してもいけない．倫理だけでは果たせないことがある．

1.4　議論の方法──ディベートと対話

　読者は，疑問に思わないだろうか．なぜ日本ではなく英国のヴィノグラドフに頼るのか．これは大切なことだから，記しておきたい．

　日本でも，法と倫理の関係について，法学には無数の論説があるが，一例として，1984 年の時点で，「法とモラルの根本的区別がどこにあり，いかなる関係によって結びつけられているかということについては，現代でも依然として激しく争われている」[4] とされている．

　つまり，法と倫理の関係について，結論が出ていない．この状況は，いま現在，変わりはないようだ．

　裁判では，原告と被告が，互いに相手方の主張を否定して争う．それでは際限がないので，裁判官がある程度のところで判断し，判決となる．その互いに争う議論の方法が，ディベートである．それが法学に持ち込まれ，法学の議論といえばディベートになっている．「現代でも依然として激しく争われている」のが，その表れだが，ほんとうのことを知りたい国民が困る．百余年前の英国のヴィノグラドフに頼るわけである．

　このことは，さらに考えさせる．

　議論には，ディベートのほかにもう一つの方法がある．それは，人々が互いに共通の理解を見いだすための対話である．人間社会には，ディベートだけでなく，対話がある．人が集まると，隣り合う人が互いに対話するものである．倫理は，隣り合う人が互いに対話する関係である．ディベートですべてを決するタイプの法学は，倫理は苦手といえよう．

　　討論 1　科学技術を担う技術者の倫理，その授業のあり方に関して，どれが適当か，討論しよう．

　　　　□ 倫理の学問を築いた先賢の思想が，技術者の倫理のすべてである．
　　　　□ 倫理の規範だけでなく，意識づけ，行動までを視野に入れる．

4　金沢文雄『刑法とモラル』一粒社，33 頁（1984）．
* 本書は，理系の人を対象に，倫理について理解を進めるものである．それには，よほどの工夫が必要であり，図 1.2 を含む一連の図もそうである．

□ 社会の規範として重要なのは法であり，倫理は教養である．
□ 社会において，倫理と法はつながり，共存する関係にある．
□ 技術者は，科学技術を担い，倫理的に責任を負う立場にある．

1.5 まとめ

福島原子力事故は，技術者倫理の枠組みを考えさせることになった．規範だけでなく，（行動するよう）意識づける倫理と， 行動の枠組みを与える安全文化とが，必要である． 社会の主要な規範に，法と倫理とがある．日本では，明治期に西洋の原理による法を受け入れ，定着しているが，倫理があいまいなままである．法と倫理の関係は，「法はモラルの最小限度」といわれ，制定された法律の背後には，モラルがあり，モラルが背後にあって法律を支えている．西洋における倫理への信頼は，次章で見るように，日本の社会にもありうることである．日本の課題は，西洋で育った技術者倫理と安全文化を理解して，すなおに受け入れ，日本の社会に根づかせることと思われる．

"神業"（かみわざ）（Acts of God）といわれるようなことを除けば、原子力プラントで起きるどのような問題も、何らかの人間の誤り（human error）から生じる。それでも、人間の心は、潜在する問題を探知し除去するのに大変有効であり、安全に対して積極的で重要な影響がある。それゆえ、個人には重い責任がある。人びとは、定められた手順に忠実であることを越えて、「安全文化」と一致する行動をしなければならない。

一九九一年IAEA（国際原子力機関）の文書INSAG—4「安全文化」の冒頭の段落、「個人には重い責任がある」ことを示している。

＊「原子力プラント」を「科学技術」で置きかえても意味がある。

第2章　行動する倫理

　技術者は，行動する．そこに，行動するように意識づける倫理がある．人を意識づけし，さらには社会を動かす力がある倫理とは，どのようなものか．わかってみれば簡単で，日本にもありうることである．

2.1　モラルと倫理

　古代ギリシャ以来いわれてきたことをまとめると，広い意味での倫理には，「モラル」といわれるものと「徳」といわれるものとがある．本節で「モラル」を，次節で「徳」を取り上げる．

　英語では，morals[1]（モラル）と ethics（倫理）という一対の語が，米国の前記テキストのほか一般に使われている．日本人が普通に用いる語を対応させ，つぎのとおり定義する．

モラル

　人は，人間関係のなかで生活し，対人関係において，してよい，してはいけないを区別して行動しようとする意識（sense）がある．それが，「モラルの意識（moral sense）」である．人の本性であり，人の心に宿る信念（belief）とみてもよい．人々をそのように意識づけるのが，モラルの規範であり，それを合わせて「モラル」ということが多い．

倫　理

　人は，人間関係のなかで生活し，対人関係において，してよいこと，してはいけないことの規範があり，それを倫理という．

　モラルと倫理は，以上のような関係にあるから，「モラル的な行動」と「倫理的な行動」，あるいは，「モラルに反しない」と「倫理に反しない」は，実質的に同じ意味である．

共通モラル

　モラルの信念の集合を，共通モラル（common morals）という[2]．

　「モラルの意識」は，個人のものである．ある社会が「モラルの規範」を示

1　複数形 (morals) が複数扱いで用いられる．
2　ハリス，プリッチャード＆ラビンズ著，日本技術士会訳編『科学技術者の倫理―その考え方と事例（初版）』丸善，109 頁（1998）．

して，個人たちの「モラルの意識」を刺激し，そこに共通のモラルが形づくられ，全体として社会を動かす力となる．

　ここまでまとめると，モラルは，モラルの意識，モラルの規範，共通モラルの総称でもある．

伝統的な倫理

　黄金律（Golden Rule）は，古代からの代表的なモラルの規範であり，つぎのように，主要な文化のいずれにも見出されている[3]．

キリスト教版：「あなたたちが人<ruby>人<rt>ひと</rt></ruby>にしてもらいたいと思<ruby>思<rt>おも</rt></ruby>うことを，人にもしてやりなさい」（Luke 6:31, New English Bible）．

ヒンズー教版：「人が他人からしてもらいたくないと思ういかなることも他人にしてはいけない，他人に苦痛を与えると知れ」（Mahabharata, Shanti Parva cclx.21）．

儒教版：「己所不欲，勿施於人（自分が嫌だと思うことは人にもするな）」（論語 顔淵篇2 および衛霊公篇23）．

仏教版：「君をくるしめる他人を憎むな」（Udanavarga, v.18）．

ユダヤ教版：「自ら憎むことを他人にしてはいけない．モーゼの掟のすべてである」（Babylonian Talmud, Shabbath 31a）．

イスラム教版：「自らのために欲する如くその兄弟のために欲さねば真の信仰者ではない」（Hadith Muslim, imam 71–2）．

　古くから西洋では「十戒」<ruby>十戒<rt>じっかい</rt></ruby>（Ten Commandments, 表2.1）[4]がある．ヘブライ人（ユダヤ人）の出エジプトの指導者モーゼが，神から授けられたとされる．

　「キリスト教倫理の土台となったユダヤ教の倫理」であり，前半は「神に関すること」，「後半は人間をとりあげている」．「神の方に向き，同時に人間の方を向いている．神に対する義務を認め，人間に対する義務を認める」[5]．

　こうして西洋では，伝説の時代から，神を信頼し，人間関係の倫理を信頼して生きてきた．危機を切り抜けて生きる道を見つけるには，倫理を拠りどころにする．倫理への信頼の源とみてよいのではなかろうか．

　後半の，殺すな（第6項），姦淫するな（第7項），以下の，人一般のモラルの

3　ハリスら，前出189頁．
4　日本聖書協会『聖書（新共同訳）』旧約聖書，出エジプト記20「十戒」（1988）．
5　W. バークレー著，牧野留美子訳『十戒　現代倫理入門』現代キリスト教倫理双書，新教出版社，11頁以下（1980）．

表2.1　聖書の十戒

①わたしは主，あなたの神，あなたをエジプトの国，奴隷の家から導き出した
　神である．あなたには，わたしをおいてほかに神があってはならない．

②いかなる像も造ってはならない．それに向かってひれ伏したり，それらに仕
　えたりしてはならない．

③主の名をみだりに唱えてはならない．みだりにその名を唱える者を主は罰せ
　ずにはおかれない

④安息日を心に留め，これを聖別せよ．六日の間働いて，何であれあなたの
　仕事をし，七日目は，主の安息日であるから，いかなる仕事もしてはならない．

⑤あなたの父母を敬え．そうすればあなたは，主が与えられる土地に長く生き
　ることができる．

⑥殺してはならない．

⑦姦淫してはならない．

⑧盗んではならない．

⑨隣人に関して偽証してはならない．

⑩隣人の家を欲してはならない．隣人の妻，男女の奴隷，牛，ろばなど隣人の
　ものを一切欲してはならない．

規範が，聖書とともに流布され，共通のモラルに寄与したのだろう．

　ガートのモラル原則

　現代になって，哲学のガートは，西洋社会の共通モラルを分析して，モラ
ルの規範を見出し，10項目のモラル原則にしている[6]．

　　　1. 殺すな
　　　2. 苦痛を生じさせるな
　　　3. 能力を奪うな
　　　4. 自由を奪うな
　　　5. 楽しみを奪うな
　　　6. 欺瞞をするな
　　　7. 自分の約束を守れ（または破るな）
　　　8. 詐欺をするな
　　　9. 法に従え（または法に不服従をするな）
　　　10. 自分の義務を果たせ（または義務を果たすのを怠るな）

6　Gert, Bernard: "Morality", Chap. 6 and 7, Oxford University Press, New York (1988). ハリスら，前出188頁．

　これは，最初に「殺すな」を掲げるほか，全体として十戒の人間関係の規範と，共通する性格がうかがわれる．モラルの規範は，このように簡単なもので，普通の人に容易にわかる．

2.2　徳 —— 人格の完成

　普通の人の共通モラルに対して，社会の指導層の人たちが説いた「徳（virtue）」がある．

アリストテレスの時代

　古代ギリシャ特有の市民は，自由人で成人男子のギリシャ人に限られていた．アリストテレス（BC384–BC322）は，「手工業者や農業労働者は，仕事の本質がその魂を奴隷的で卑屈なものにする」として市民から排除し，「完全な自由人による，自由人に対する，自由人のための支配」を考えた[7]．

　「大方（* 普通の人）よりもはるかに秀でている」「優れて善き人」の生き方は．「友や国家のために多くの貢献を行い，必要とあれば，友や国家のために死さえ辞さない」，「優れて善き人は，優れて善き人であるかぎり，徳（virtue）に基づいた行為を喜び，悪徳による行為を嫌う」[8]．アリストテレスは，「性格に関わる徳」には，つぎのような性向があるとした．

- ・勇気　　・節度　　・気前のよさ　　・度量の広さ　　・気高さ
- ・その他の徳（温厚さ，正直さ，機知，慎み，など）

このような徳の項目を，徳目という．

アダム・スミスが説いた徳

　経済学とともにモラル科学（moral science）で知られるアダム・スミスも，徳を，普通のモラルよりは高いものとして説いた[9]．徳（徳目）として，感受性（sensibility），自己規制（self-command），人間愛（humanity），度量（magnanimity），を挙げた．

ベンジャミン・フランクリン

　アダム・スミスと同じ時代，ベンジャミン・フランクリン（1706–1790）が示した，つぎの 13 個の徳目は，「成功のために守るべき」もので，「フランク

7　ポール・カートリッジ著，橋場 弦訳『古代ギリシャ人の自己と他者の肖像』白水社，188 頁（2001）.

8　神崎繁訳・解説『アリストテレス全集 15　ニコマコス倫理学』岩波書店（2014）.

9　Smith, Adams: "The Theory of Moral Sentiments", 6th Ed.(1790); https://ibiblio.org/ml/libri/s/SmithA_MoralSentiments_p.pdf. アダム・スミス著，水田洋訳『道徳感情論（上）』岩波文庫，64 頁（2003）.

リンが，実行しやすいものから順に並べたという」[10]．「アメリカ人の生活信条を列記したもの」で，フランクリンは，これらの徳目の各々に 1 週間にわたって厳重に注意を払い，13 週間で一周し，1 年に 4 回まわるものだったという[11]．

- ・節制（temperance） ・沈黙（silence） ・秩序（order）
- ・決断（resolution） ・節約（frugality） ・勤勉（industry）
- ・誠実（sincerity） ・公正（justice） ・中庸（moderation）
- ・清潔（cleanliness） ・平静（tranquility） ・純潔（chastity）
- ・謙譲（humility）

アリストテレス，スミス，フランクリンに共通するのは，社会の指導層のエリートである．彼らが唱えた徳には，前記共通モラルと違って，「殺してはならない」などの項目はない．これらの徳目は，日本人も尊重するだろう．

2.3 個人の動機

技術者が現場に立つとき，安全確保などの行動をする．その行動には，経験的にみて，以下の 4 要素が備わる．技術者個人が行動する動機である．

① 未知への警戒

技術者が現場に立つとき，その瞬間，何が起きるか未知である．その未知への警戒が，注意義務の基本の一つである．リスクアセスメントをして，できる限り，すべてのリスクを既知にする．既知にし，対策をとった時点で，それは過去の確認であり，現場で何が起きるかは未知である．

未知は，恐ろしい．技術者には，「未知への恐れ」があり，また，それに立ち向かう勇気がなくてはならない．

② 活性化されたモラルの意識（倫理）

警戒していて，何かが起きたら即座に，活性化されたモラルの意識が働き，してよいこと，してはいけないことの判断をする．

モラルの意識は，西洋人だけなく，人間の本性的なもので，われわれ自身の心にも宿る．読者が，わたしにも，あるのかなあ，と自分の心に問えば，確かめることができる．それは日常的に，われわれの行動を方向づけている．たとえば，バスに乗る人の列ができている．普通の日本人なら，列に割り込むことは，してはいけないことだ，という意識がある．それがモラルの意識

---

10 亀井俊介『アメリカ文化史入門―植民地時代から現代まで』昭和堂，47 頁（2006）．

11 Bell, Daniel: "The Cultural Contradictions of Capitalism", 20th Anniversary Ed., p.58, Basic Books (1996. 1st Ed.:1976). 林雄一郎訳『資本主義の文化的矛盾（上）』講談社学術文庫，132 頁（1976）．

である．普通の日本人なら誰でも持ち合わせている．

　モラルの意識は，心に宿るだけで，眠っていては，役に立たない．「活性化された」というのが，それである．わたしには，モラルの意識があるんだよ，と認識すれば，直ちに活性化される．技術者は現場に立つ時，確かめてみると，わかるだろう．

③ 法令にもとづく職務上の責務の認識（法）

　科学技術を人間生活や産業に利用する業務には，安全確保などのために，規制法令にもとづく，政府による規制（規制行政）がある（第10章参照）．規制に従うことは，一般にコンプライアンスといわれ，業務に従事する技術者の職務上の責務である．この認識がなくては，法令違反となるだけでなく，安全確保が破綻し，事故につながる．

④ 専門的な知識・経験・能力

　技術者は，専門とする科学技術，つまり専門技術を持つ専門職である．一定水準以上の知識・経験・能力を確保するために，教育制度や資格制度が設けられ，卒業後や資格取得後も，なお維持・向上する継続教育が行われる．

　以上で，倫理が独り歩きするのではなく，技術者の行動に，倫理，法，科学技術の三つがかかわることがわかるだろう．

　この4番目の要素は，技術者の場合，「科学技術」のそれだが，「法」のそれを持つのは法律家，「経営」のそれを持つのは経営者である．①〜③の要素は，いずれの専門職にも共通する．

2.4　行動を支える理念

　専門職が行動するとき，上の個人の動機だけでは，説明できないところがある．マニュアルなどの手順を超えて行動させる何かがある．従来，さまざまいわれていることをまとめると，理念としてつぎの三つがあるとみられる．

第1：　社会に伝承されることの尊重

　個人の「モラルの意識」は，個体の死とともに消滅するが，共通モラルとして，世代を超えて，絶えることなく継承される．

　人間は，本性として安全を求め，自ずと努力をする．社会におけるその蓄積が，安全文化といわれるものになるのだが，社会における，いわゆる自生である．近代に至り，科学技術の進歩とともにもたらされた新たな危害が知られ，

それに対応して，安全文化は発展し，これからも，限りなく発展するであろう．人々は，生まれてくる人たちが危害にさらされることがないよう思いやり，将来の世代に伝承されることを願い，それが次世代以降の人々によって尊重され，安全確保の実務に生かされる．安全文化とは，そのような営みではないだろうか．

そうであれば，その社会で暮らす人たちは，個人の動機とか，行動の理念とか，原理や理論の難しいことを知らなくても，本性として，無意識のうちに，自ずと安全文化に沿った方向へ歩むものである．それでも，原理や理論は重要である．原理や理論によって共通の理解が進み，国境を越え，世代を超えて安全文化が広がることになる．

ちなみに，いま著者らがしていることは，西洋の社会で育ったものを，尊重して受け入れ，日本の社会に根づかせ，伝承されるようにして，将来にわたり安全確保の実務に役立てたい，という願いにほかならない．

第2：　完全性への指向

本章冒頭に掲げた，「"神業"（Acts of God）といわれるようなことを除けば，原子力プラントで起きるどのような問題も，何らかの人間の誤り（human error）から生じる．それでも，人間の心は」，に注目願いたい．

絶対安全は，神業だ．人間がすることに，絶対や完全はありえない．それでも，人間は，絶対安全を目標に，限りなく近づける努力をすることはできる．それが完全を指向するインテグリティ（integrity）であり，レジリエンス（resilience）も，同様に，くじけないで粘り強く取り組むものである．

① インテグリティ[12]

オックスフォード英語辞典（OED）は，つぎのように記していて，この語の意味を余すところなく伝えていると思われる．

> インテグリティ
> 1.　a. 取り除こうとする部分や要素のない，または欠けたところのない状態：分割されていない，あるいは壊れていない状態：実質的な全体，完全性，全体性
> 　b. 分割されていないもの：完全にそろった全体
> 2.　傷つけられたり，侵害されたりしていない状態；損なわれていない，

12　従来の翻訳では，訳語が一定していない．例として，ロナルド・ドウォーキン『法の帝国』は，インテグリティが重要なキーワードとみられるが，訳語を，訳書は「純一性」とし，論評では，カナ書きの「インテグリティ」のほか，「統合」や「統合性」とされている．

堕落のない状態：当初の完全な状態：健全性

　3．モラルの意味では，a. 損なわれていないモラル状態：モラルの堕落からの解放：無垢，潔白性

　b. モラル原理の健全性：堕落のない徳の性格であって，特に真実および公平な取扱いとの関係における：高潔性，正直性，誠実性

② レジリエンス

この語の元々の意味から，"復元性" がいわれることがあるが，元の状態に復することにとどまらない．語源からはかなり拡張されて使われていて，普通の日本語でいえば，つぎのようなことといえよう．インテグリティと関係のある語とみられる．

　　レジリエンスとは，ある困難なことを目標にして，限りなく近づけるよう，どのような障害があろうと，くじけないで粘り強く取り組む努力をする．その資質，あるいは，その努力をしている状態，をいう．

第3： 他律よりも自律が基本

人が行動するとき，自主的な自律と，他から強制される他律とがある．安全確保にも，この両方がある．安全確保に向けて，政府が被規制者に対し，法律にもとづいて規制する他律がある．かつて規制行政は，そういう他律的な規制とされてきたが，その後，被規制者の自主的な自律が基本となることがわかってきた．

現場で常にありうる未知に対処するには，法律やマニュアルの規定どおりに行動する他律よりも，自ら自主的に行動する自律が基本となる．

英国では早くも1972年のローベンス報告が，作業安全（日本では「労働安全」という）の改革を提案し，そのなかに，つぎのように記されている[13]．

　　制定法制度の第1の，そしておそらく最も根本的な欠陥は，単に法律が多すぎるということだ（段落44）．あまりにも多くの雇用者，マネジャー，作業者が，国の介入や処方箋にばかり目を向け，自らの積極的な利益，責任および努力にほとんど目を向けない，という傾向がまだある（同44）．

ここに「処方箋」とは，薬剤師は調剤の専門職だが，自分の判断でその内容を変更するような裁量の余地は全くなく，そのとおりに調剤しなければな

13　Safety and Health at Work, Report of the Committee 1970-72, Chairman Lord Robens , Her Majesty's Stationary Office, London (1972).

らない. 国や地方自治体による規制は, それではいけない, という意味である. 被規制者の自主, 自己規制が基本であり, それを妨げる, 処方箋的なものであってはならない（なお第 10 章）.

2.5 モラルと道徳

　日本人は, 対人関係において, してよいこと, してはいけないことを区別して行動しようとする意識は, しっかりとしている. 西洋人と比べて, 上であっても下ではない, 同等とみるべきだろう.

　それは, 西洋で知られた「モラルの意識」と同じであることに疑いはないのだが, 問題は, 日本には昔から「道徳」といわれるものがあり, それとの混同がある.

　道徳という語がよく使われるのは, 子どもたちの「道徳教育」の関係である. 文部科学省告示は,「人格の完成及び国民の育成の基盤となるものが道徳性であり, その道徳性を育てるのが学校教育における道徳教育の使命である」とする[14].

　道徳の語は, 人格の完成に向けての「徳」につながる語であり, 歴史的に日本人の心に刻まれたイメージがある. それは, 日本人にとって大切なものだが, そのイメージは, 前述のモラルのイメージとは異なる. 哲学・倫理学などの翻訳では, 原書に morals とあれば,「道徳」とされることが多いようだが, それで原書の意味が伝わるだろうか. 日本の「道徳」と同じものが, 英語世界にもあってそれが morals だ, というのと同じである.

　（討論 1 ）『ファインマンさんベストエッセイ』から
　　物理学者ファインマン（Richard P. Feynman, 1918–1988）の名作を集めた著作の邦訳[15] から, 科学との関係で宗教について語った一節の,「道徳」の語を用いた原文と,「モラル」の語で置き換えた文章とを下に示す. ファインマンさんが, もし, 日本語がわかったら, どちらを用いるだろうか. つぎの三つの意見をめぐって, 討論しよう.

　　　□ 翻訳では, よく知られた日本語を当てるのがわかりやすいから, 道徳がよい.

14　文部科学省「小学校学習指導要領（平成 29 年度）解説」『特別の教科　道徳編』（平成 29 年 7 月）.
15　リチャード・P. ファインマン著, 大貫昌子・江沢洋訳『ファインマンさんベストエッセイ』岩波書店, 302 頁（2001）.

□ 西洋で宗教とともに育ったモラルのことを語っているのだから, モ
　ラルのほうがよい.
□ 道徳とモラルは, いずれも日本語にあり, 倫理を意味する語だから,
　どちらでもよい.

原文（「道徳」のまま）

　人間というものはだれでも知っているとおり, いくら道徳的価値観を
与えられていても, やっぱり弱いものです. それだけに良心に従って正
しい行いをするには, 道徳的価値観を絶えず思い出させてもらわなけれ
ばなりません. 道徳とはたんに正しい良心をもつというだけのことでは
なく, これこそ正しいと自分でわかっていることを実行できるだけの,
意志の力を絶えず維持するということでもあります. 宗教はこうした道
徳的価値観に従って生きる力を与えてくれ, 慰め励ましてくれるもので
なくてはなりません. これは宗教の霊感的側面で, たんに道徳的な行い
を励ますだけでなく, 芸術であるとか, その他の偉大な思想や行動をよ
びさますものなのです.

置き換えた文章（「道徳」を「モラル」に置き換え）

　人間というものはだれでも知っているとおり, いくらモラルの価値観
を与えられていても, やっぱり弱いものです. それだけに良心に従って
正しい行いをするには, モラルの価値観を絶えず思い出させてもらわな
ければなりません. モラルとはたんに正しい良心をもつというだけのこ
とではなく, これこそ正しいと自分でわかっていることを実行できるだ
けの, 意志の力を絶えず維持するということでもあります. 宗教はこう
したモラルの価値観に従って生きる力を与えてくれ, 慰め励ましてくれ
るものでなくてはなりません. これは宗教の霊感的側面で, たんにモラ
ル的な行いを励ますだけでなく, 芸術であるとか, その他の偉大な思想
や行動をよびさますものなのです.

2.6　倫理への信頼

　ハリスらのテキストに, "私たちは倫理を信頼している" とは書かれていない.
しかし, あの内容は, 倫理を信頼して書かれたものに違いない.

「モラルの意識」の発見

　人間が倫理について考えるようになった歴史は, 紀元前のギリシャに遡る
が, 人の心に目が向けられたのは, 18世紀の英国だった. フランシス・ハチ
スン（1694–1746）は, グラスゴー大学のモラル哲学の教授で, アダム・スミス（1723

–1790）の恩師といわれる．

　ハチスンは，十分に成熟したモラル行為者（＊人間のこと）は，「心のなか の自然な感情」が規則正しく働くもので，そこには人間の本性に組み込まれ た「モラルの意識（moral sense）」があるとみた．それは，「重力の法則が自 然秩序の原理を説明したのと同じやり方で，この世界のモラル的秩序の原理 を説明するニュートン的な法則だ」[16]．同じ時代のニュートンが，自然界の現象 を重力の法則（万有引力）で説明したように，ハチスンは，人の心の現象をモ ラルの意識で説明した．

　アダム・スミスは，邦訳では『道徳感情論』とされた 1759 年出版の著書で， 人の「モラル感情（moral sentiments）」につき，つぎのように記している[17]（要旨）．

　　「モラルの意識（moral sense）」という語は，ごく最近に形づくられた もので，まだ英語の一部とみなすことはできない．「良心（conscience）」 という語は，モラル的な能力を，直接に意味するものではない．愛，憎 しみ，喜び，悲しみ，感謝，憤りは，その他の多くの情念とともに，名 前を得て，知られているのに，それらすべての上位にあるものが，これ まであまり注意を払われず，少数の哲学者を除き，だれもそれが名前を つけられるに値するとは考えなかったのは，驚くべきことではないか．

　古代ギリシャ以来，倫理の学問は，倫理の規範やその意味が中心だったよ うだが，そこへ，普通の人の「モラルの意識」に着眼したのは，画期的だった．

「見えざる手」

　その後，アダム・スミスは 1776 年の『国富論』で，「見えざる手」を論じた． 1776 年は，米国の独立宣言の年としても名高い．それは，決して偶然ではなかっ た．独立宣言は，君主専制政治からの政治的開放であり，「見えざる手」提案は， 自由市場における価格に干渉する国家規制からの解放である[18]．

　この「見えざる手」の提案は，政府による自由競争への介入を，有害とみ るもので，そのことは，その後の経済学によって否定された．自由放任の完 全競争は，所得や富の非常な不平等をもたらす事実があり，政府の役割は，「相 互に依存し合っているこの過密化した世界では，非常に大きくかつ不可避の

16　ニコラス・フィリップソン著，永井大輔訳『アダム・スミスとその時代』白水社（2014）．

17　Smith, Adams: "The Theory of Moral Sentiments", 6th Ed.(1790); https://ibiblio.org/ml/libri/s/ SmithA_MoralSentiments_p.pdf. アダム・スミス著，水田洋訳『道徳感情論（下）』岩波文庫，361 頁（2003） は，道徳の語を用い，moral sense を「道徳感覚」としている．「『道徳』という『徳』につながる訳語 は適当ではない」としながらも，「慣習にしたがって道徳とせざるをえなかった」という（同書 486 頁）．

18　P.A. サムエルソン著，都留重人訳『新版 サムエルソン 経済学（上）』岩波書店，3, 45 頁（1981）．

もの」とされている[19].

　その「見えざる手」は，何だっただろうか．諸説あるが，『道徳感情論』で「モラルの意識」を認めたことから，「モラルの意識」とみるのが，2 冊の著作の論旨に沿うようだ．アダム・スミスには，モラルないし倫理への信頼があったのではなかろうか．

アシモフ『わたしはロボット』

　1950 年，生化学者でもあった SF 作家アイザック・アシモフは，100 年後の2058 年の日付で，『わたしはロボット』という本[20]を書いた．最初にロボット工学 3 原則を掲げ，ロボットと人間の関係を，初期の子守りロボットや，宇宙空間や小惑星で人間とともに働くロボットから，人間そっくりに擬人化したロボットまで，フィクションで描いた．

　　（ロボット工学 3 原則）
　　1．ロボットは人間に危害を加えてはならない．また何も手を下さずに人間が危害を受けるのを黙視してはならない．
　　2．ロボットは人間の命令に従わなくてはならない．ただし第 1 原則に反する命令はその限りでない．
　　3．ロボットは自らの存在を護らなくてはならない．ただしそれは第 1，第 2 原則に違反しない場合に限る．

　ロボットにこの 3 原則を組み込む．ロボットは，ときにおかしな行動をすることがあっても，人間に呼びかけられて我に返ると 3 原則を守り，人間を救う．この物語は，単にロボットと人間の共存ではない．人間が危機を切り抜けて生きる道を見つけるには，倫理を拠りどころにするとの考えがある．作者アシモフに，倫理への信頼があってこその構想と思われる．

IEEE「倫理的に配慮された設計」

　IEEE（米国電気電子技術者協会）は，世界最大の技術専門職の組織という．AI に対する恐怖や過度な期待があることを背景に，AI を A/IS（autonomous intelligent system，自律知能システム）と言いかえ，2016 年に，「倫理的に配慮された設計（EAD，ethically aligned design）」Ver.1 を，17 年末に Ver.2 を発表して意見を求め[21]，19 年に初版（First Edition）を発行した[22].

19　P.A. サムエルソン著，都留重人訳『新版 サムエルソン 経済学（下）』岩波書店, 673 頁 (1981).
20　アイザック・アシモフ著，伊藤 哲訳『わたしはロボット』創元推理文庫 (1976).
21　IEEE, Ethically Aligned Design, Version 2 (2017).
22　IEEE, Ethically Aligned Design, Edition 1 (2019).

　EADの一般的原理は，すべてのタイプのA/ISに適用される高いレベルの倫理原理を明確に示そうとするもので，介護ロボットや無人車などの物理的ロボットであろうと，医療診断システム，知能的な人的アシスタント，またはアルゴリズム的なチャット・ボットのソフトウェアであろうと，問わない（EAD ed.1, p.17）．

　ここで考えよう．

　なぜ，「法的に」ではなく，「倫理的に配慮された」なのか．先端領域に既成の法律はないから，倫理で対応するほかないのだが，倫理を拠りどころにするのは，前記アシモフ同様，倫理への信頼があるのだろう．

　1950年のアシモフは，1人だった．EADの場合，IEEEがリードしながら，6大陸からの多人数が，インターネット上の公開の場で，分野横断の多面的な論点についてコンセンサスを見出そうとしている．倫理への取組みの新しい時代を想わせる．EADは，二つの注目すべきことを記している．

①「する人」と「される人」の区別

　A/IS（AI）は，古典的な意味での自律ではない．マシーン（machine）は，従うべきモラルや法のルールを理解していない．モラル的であるように人間によって設計されたルールに従い，そのプログラミングに従って動く．

　いわゆる擬人化アプローチには，誤りがある．A/ISは，人間や生物が自律的であるという意味で，自律的になることはできない．マシーンは，作成された実行順序により，一定の状況下で，独立して作動する．その意味で，A/ISは，特に遺伝的アルゴリズムなど進化的方法の場合，自律的といえようが，しかし，モラル性や情緒を，つまり真の自律性を，A/ISに組み込もうとするのは，「する人（agent）」と「される人（patient）」の区別をあいまいにする誤りである（EAD ed.1, pp.40–41）．

② エンジニアの倫理教育

　マシーンが，倫理的に動くには，プログラムがそのように設計・制作されていなければならない．それには，プログラミングの設計・制作を担うエンジニアが，倫理がどのようなものか，理解していなければならず，そのための倫理教育が必要だが，「倫理的な考慮事項は複雑であって，容易に明文化してプログラム言語に翻訳できることではない．多くのエンジニア教育のプログラムが，カリキュラム全体に倫理を十分に統合していない事実が，この状況を悪化させている．しばしば倫理は，スタンドアロン（stand-alone）の科目に追

いやられ，学生に，倫理的な意思決定の直接の経験を，ほとんどまたは全く与えない」．

　倫理教育は，広い分野のベストプラクティス（best practice，最善の実務）を取り入れた倫理の，技術的訓練と技術開発の方法を用意し，そうすることで，倫理および人権の関連の原理が，自然に設計プロセスの一部になるようにする．科学技術コミュニティ外の，さまざまな文化的および教育的背景の専門家によって啓発されるようにして，学生が，倫理および設計に必要な視点が多様であることに，鋭敏であるようにするべきである（EAD ed.1, p.125）．

　AI（A/IS）という人間の将来に支配的な影響のあることが，こうして倫理への信頼に支えられて進行している．

2.7　社会とコミュニティ

　社会において，主要な二つの規範，法と倫理は，互いに補う関係にある．
　法と倫理
　倫理は，コミュニティ（community）で育つもので，人々が自主的に順守するよう期待される自律の規範である．倫理の順守には，自分が守れば，他の人も守るだろうという期待があり，コミュニティには，期待が実現される人間関係がある．法[23]は，社会が，そこにいるすべての人々に順守するよう強制する他律の規範である．人々は互いに見ず知らずで，法を守ろうとしない人もいることが前提だから，強制を伴う他律が原則とされる．
　コミュニティ
　「私」という人は，家族コミュニティがあり，地域コミュニティで暮らし，勤め先の企業コミュニティで仕事をし，技術者コミュニティ（土木学会，日本機械学会など）に入っている．こう書けば，コミュニティがイメージできよう（図2.1）．同じ社会に住んでも，同じコミュニティで互いに仲間（fellow）といえる人，別のコミュニティに属し，むしろ敵対（enemy）関係にある人もいる．
　社会学者の G. ヒラリーがコミュニティの定義例を集めたところ 94 通りあったという[24]．ここで，団体内部のコミュニティを想定し，つぎのとおり定義する．

23　「法」と「法律」は，同じ意味で，文章の調子に合わせて使われることが多い．しかし，議会の議決をへて制定された法を「法律」といい，それを含む広い意味に「法」を用いることもある．
24　広井良典『コミュニティを問い直す―つながり・都市・日本社会の未来』ちくま新書，11 頁（2010）；広井良典・小林正弥編著『コミュニティ』（持続可能な社会へ：公共性の視座から）勁草書房，13 頁（2010）．

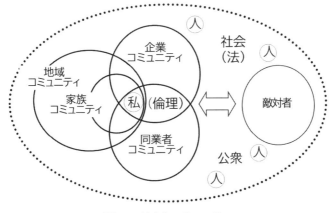

図 2.1　社会とコミュニティ

> コミュニティは，互いに仲間といえるような，多少なりと信頼関係に
> あり，多少なりと対話できる人たちが，共通の目的のもとに連帯感をもっ
> て集まっている集団

　仲間関係の特徴は，個人相互のコミュニケーションが，対話である．対話
が信頼を生み，相互の連帯関係を育て，コミュニティの風土や共通モラルを
育てる（図 2.2）．

　コミュニティは最小 2 人，人数が多くなると全員が対話するわけにはいか
ないが，同じ集団にいる仲間感情があり，対話
の機会の可能性がある．「多少なりと」は，そ
の意味である．

コミュニティ──AI 時代のとらえ方

　コミュニティについて，これまでは，以上
のような説明で満足してきた．

　IEEE の EAD（前出 24 参照）の規格 [25] は，倫
理の諸概念を，AI（人工知能）の設計のため，
新たに定義し指標を定める．つぎのとおり，コ
ミュニティの概念も含まれる．

図 2.2　コミュニティ
双方向の矢印は，対話を示す．

IEEE 規格「コミュニティ」の定義と指標

　IEEE 規格は，以下の順に進む（要旨）．

25　IEEE Std 7010-2020: IEEE Recommended Practice for Assessing the Impact of Autonomous and
Intelligent Systems on Human Well-Being (2020).

（1）「コミュニティ」の定義

「同じ場所に住み，または，共通の特定の性格をもつ人々のグループ」と定義される．

（2）「コミュニティ」の指標

コミュニティの領域には，帰属意識，コミュニティ参加，社会的つながり，安全，および差別があり，以下，それぞれの定義と指標を示す．指標は，科学的に検証された公的に入手可能な指標から引き出されている（出典は省略）．

① 帰属意識

「（人々）は互いに重要で，集団にとっても重要であるとの感情，および，（人々の）ニーズは一緒にいることの責任を果たすことによって満たされるとの相互の信頼」と定義され，その指標には，つぎのものがある．

——隣人であることの意識

——自らをコミュニティの一部とみる意識

② コミュニティ参加

コミュニティ参加には，活動，ボランティア活動，および寄付があり，その指標には，つぎのものがある．

——1 か月間にボランティア組織で活動したおよその合計時間

——1 か月間の慈善への寄付

③ 社会的つながり

人々が互いに授受する援助および助力と定義され，その指標には，つぎのものがある．

——困った場合には，必要なときにいつでも助力してくれる親戚や友人がいるかどうかの意識

——人間関係の満足

④ コミュニティ安全

「危害や傷害の恐れまたはリスクのない日常生活」をすることと定義され，その指標には，つぎのものがある．

——人が住んでいる地域を 1 人で安全に歩けるとの感情

——ほとんどの人が信頼できる，あるいは，人々の扱いに非常に注意深くする必要がある，との意識

——成人 1,000 人あたりの，人に対する犯罪

⑤ 差　別

差別は，どのような集団の場合にも，「何らかの区別，除外，制限または優遇であって，政治的，経済的，社会的，文化的，またはその他の

公的生活の分野における，人権および基本的自由の，対等な立場での認識，享受または行使を，無効にしまたは損なう目的または効果をもつもの」，と定義される．指標には，つぎのものがある．

——過去12か月間の，性別，年齢，障害の状態，発生場所の別による，身体的または性的嫌がらせの被害者である人の割合

——自らの近隣やコミュニティにおける差別の意識

(討論2) 「コミュニティ」のイメージの比較

　IEEE規格の「コミュニティ」の定義と指標は，AI時代にアルゴリズムにつなぐ手法と思われる．読者はすでに，コミュニティの図（図2.1・図2.2参照）と前記定義とから，コミュニティのイメージを得ている，IEEE規格のイメージとどの程度一致するか．IEEE規格は，上の記述だけではわかりにくいかもしれないが，想像を膨らませて，討論しよう．

　　□ 十分に一致する．
　　□ ほぼ一致する．
　　□ ある程度一致する．
　　□ ほとんど一致しない．
　　□ まったく一致しない．

2.8　まとめ

　人を意識づける倫理とは，どのようなものか．モラルと倫理の定義に始まり，共通モラルが育つ過程から，それは日本にもあるとみる．西洋で倫理が信頼されることは，すでに18世紀，アダム・スミスの「見えざる手」に見ることができる．20世紀のアシモフ『わたしはロボット』にも，21世紀，IEEE「倫理的に配慮された設計」にも，倫理への信頼があるとみられる．技術者に必要なのは，行動する倫理である．行動の基本となるのは，個人の資質と，行動の理念であり，後者にはインテグリティやレジリエンスが含まれる．法と倫理は，互いに補う関係にある．倫理は，コミュニティで育つ自律の規範である．そのコミュニティのイメージを確かめた．

一九八六年は、スペースシャトル「チャレンジャー号」事故の年であり、アカデミックな領域での技術者倫理は、十歳になったばかりだった。

Davis, Michel, Edited: *Engineering Ethics, The International Library of Essays in Public and Professional Ethics*, Volume 1, Ashgate (2005).

マイケル・デービスはイリノイ工科大学教授で、専門職倫理研究の指導者。この一文は、一九七六年に学界で技術者倫理が認められたとする（デービスが報告したのだろう）。

第3章　組織の倫理

技術者は一般に，組織に所属して働き，組織としての倫理問題がある．

個人のモラルの意識が，組織の共通モラルとなり，組織として倫理的な行動となる．その規範として，技術者団体が制定する倫理規程がある．社会の要求に応じて発展し，技術者の倫理の代表的な規範になっている．

企業などが事業を営み，その経営のことを，業務執行という．組織として行動が倫理的か否かは，その意思決定に支配されるところが大きい．ただし，倫理問題の意思決定には，それと違った扱いがなされている．

実務において出会うことの多い，組織上の問題として，経営者の目標と，技術者の目標とが相反し，対立する場合の，合理的な解決方法がある．

3.1　技術者の倫理規程

行動のあり方についての定めを，行動規程（code of conducts）といい，そのうち倫理に重点を置くのが，倫理規程（code of ethics）である．社会に技術業（engineering）[1] が職業であると名乗る人たちが出現し，その人たちのコミュニティができ，技術者の団体が設立され，やがて倫理規程が制定されるようになった．

技術者倫理の生育

米国で，発端は，政府による職業免許すなわち職業の規制だった．イリノイ州の例では，医師（1877 年），薬剤師および歯科医（1881 年），建築家（1897 年）など，これらの職業が野放しでは州住民の利益が害されるのを防ぐ目的である [2]．技術業では，1907 年，ワイオミング州で，専門職 [3] とはいえない人々を除外するためにプロフェッショナル・エンジニア（professional engineer, PE）制度が立法され，20 世紀前半に全米に普及した．

1　技術者倫理というが，もとの英語 engineering ethics を直訳すれば，「技術業（engineering）」の倫理である．技術業は，科学技術を人間生活に利用する業であり，農業，製造業などの「業」の一つである．英語の engineer は，日本語では「技術者」と「工学者」に分けられるが，本書では，「技術者」または「エンジニア」の語を，両方の意味に用いる．

2　Shapiro, Sidney A.; Tomain, Joseph P.: "Regulatory Law and Policy: Cases and Materials", 3rd Ed., Lexis-Nexis (2003)．

3　広義の「職業（occupation）」に対して，専門的な知識・経験・能力を必要とする「専門職業（profession）」に従事するのが「専門職（professional）」．

　その間に，PE団体が倫理規程を備えるようになり，最も初期の典型的な主
張は1912年，「技術者は依頼者および雇用者[4]の利害関係の保護を，専門職の
第一の責務とみるべき」とした．公衆に対する責任については単に，技術者は
「技術業についての公衆の公平で正しい一般的理解を助け，技術業の一般的認
識を広げ，そして報道その他に技術業のことについて事実でない，不公平な，
または誇張された記述が現れないよう，努力すべきである」と述べるのみだっ
た．下って1947年，エンジニアの協議団体ECPD[5]の規程が，エンジニアは「公
衆（public）の安全と健康に正当な注意を払う」と規定し，雇用者・依頼者に
対する義務だけでなく，公衆に対する義務を認めた．さらに1974年に，「エン
ジニアは，その専門職の義務の遂行において，公衆の安全，健康および福利を
最優先する」という，「公衆」優先を掲げる現在の形になった[6]．

　あとで説明するが，「公衆」を対人関係の相手とみるのは，技術者倫理の重
要な特徴である．

　この動きを，アカデミックな倫理の学者がとらえ，「技術者倫理（engineering
ethics）」として認知した．チャレンジャー号事故の年は，認知されて10年になっ
たばかりで（本章冒頭の頁参照）[7]，倫理学者によるこの事故の分析とともに知ら
れるようになった（第5章参照）．

倫理規程

　米国の代表的なエンジニア団体の倫理規程は，前記ECPD規程から出てい
て，一般に，前文・基本綱領・細則の3部からなる．

基本綱領

　倫理規程の中心である基本綱領の例を，全米プロフェッショナル・エンジ
ニア協会（NSPE）と，アメリカ土木エンジニア協会（ASCE）について示す（表
3.1）．「対人関係」と「価値基準」の「○○原則」の表示は，日本で付けた[8]．

　基本綱領は，NSPEは6か条，ASCEは8か条という，少数の短文の条文
からなる．「対人関係」には，第1条から順に，「技術者対公衆」，「技術者対

　4　雇用者（employor）は，雇い主のこと，雇われる人は被用者（employee）．

　5　ABET（現在はABET，INC.）は，アメリカの技術者教育の第三者認定を行う機関であり，そ
の前身がECPD（Engineers' Council for Professional Development）だった．

　6　ハリス，プリッチャード＆ラビンズ著，日本技術士会訳編『科学技術者の倫理－その考え方と事
例（初版）』丸善，35頁（1998）．

　7　Davis, Michel, Edited: "Engineering Ethics, The International Library of Essays in Public and
Professional Ethics", Vol.1, Ashgate (2005).

　8　日本技術士会『科学技術に係るモラルに関する調査報告』平成12年度科学技術振興調整費調査
研究報告書，36頁（2001）．

業務の相手方」,「技術者対技術者」,「技術者対すべての関係者」, がある.「価
値基準」(原則)に, 公衆優先, 持続性, 有能性, 真実性, 誠実性, 正直性,

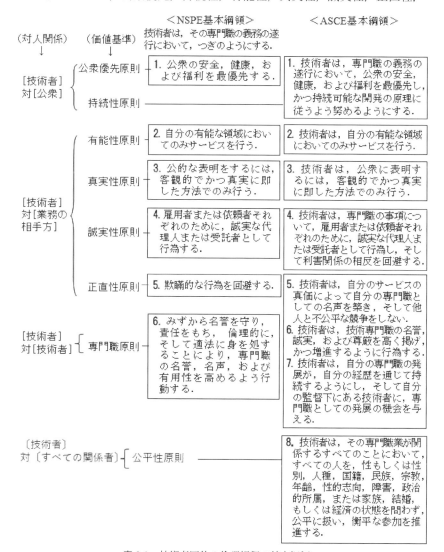

表3.1 技術者団体の倫理規程の基本綱領

NSPE: National Society of Professional Engineers　全米プロフェッショナル・エンジニア協会
ASCE: American Society of Civil Engineers　アメリカ土木技術者協会

公平性，などがある．

　第4条について，技術者が業務に従事する二つの場合がある．一方は，雇用されて働く被用者（employee）の場合，雇用者（employer）に対し代理人（agent）として，他方は，たとえば自営して，直接に業務の依頼を受ける場合，依頼者（client）に対し受託者（trustee）として，それぞれ誠実に行為することを定める．

　ASCE では，1914 年制定ののち，改訂を経て，近年では 2009 年に，基本綱領第 1 条後半の「持続可能な発展」を加えた．NSPE は，同じ規定を 2006年に基本綱領ではなく，細則に入れている．ASCE 第 8 条は，「社会的責任」が強く認識されるようになり，2017 年に新設された．

　NSPE が，基本綱領を変えていないのは，規範として信頼されるには，継続が大切だからだろう．頻繁に改変したら，信頼されなくなろう．

　ASCE,NSPE ともに，基本綱領の各条ごとに，詳細な細則を設けていたが，ASCE は 2020 年に，様式を改めた（ASCE 新版，本章末参照）．詳細な細則を定めても，あまり役に立たない．むしろ，必要な全体を一覧できるようにしたのが，ASCE 新版なのだろう．倫理規程のあり方の一つの方向を示すものといえよう．

倫理規程の性格

　基本綱領の少数の条文は，前記の十戒と同様，守るべきことを心に刻む手法であろう．エンジニアたちが倫理の関係で，重要とみる項目であり，モラルの規範と，徳の規範とが混ざったような内容だ．

　倫理規程は，こうして文字に書かれたことだけではなく，それを支える個人のモラルの意識，共通モラルがある．「殺してはならない」などのモラル原則は出てこないが，当然の前提になっている．留意すべき大事なことである．

倫理規程の意義・役割

　コミュニティが倫理規程を制定するには，つぎのような期待がある．

① 倫理規範の周知徹底

　基本綱領は，NSPE は 6 か条，ASCE は 8 か条という，短文の数か条の簡潔な規範であり，守るべき人々に提示し周知徹底して，記憶に刻み，そのように行動するよう意識づけるものである．

② 倫理判断の基準

　倫理規程は，行為・行動に先だって，してよいこと，してはいけないこと

を判断する規範（行為規範）であり，また，なされた行為・行動が，してよいことだったかどうかを評価する規範（評価規範）でもある.

メンバーの倫理違反に対する制裁には，制裁される人の権利を不当に侵害しないよう，慎重な配慮を必要とする. 単純な基本綱領はもちろん，細則を設ける程度では足りず，違反の有無や程度を判断する基準や，制裁の手続きの規定を備える必要がある. 倫理規程は，本質的に，メンバーの自律による行動を促すものであり，法と違って，制裁による強制はなじまない.

③ 共通の理解の象徴

倫理規程の制定や改正の際，メンバーの自由な討論によって共通の理解が形づくられ，団体の自律の規範として，共通の理解を象徴するものとなる.

④ 組織の誓約

公表することによって，社会に向けて組織の倫理方針の誓約（commitment）となり，組織の社会的地位を確立することにつながる.

⑤ 安定性

エンジニアに求められる倫理には，科学技術の発展とともに変化があり，倫理規程への反映が必要である. 他方，規範として信頼されるには，長期にわたる安定性が大切であり，安易な改廃は妨げとなる.

3.2　組織の行動

組織は，個人からなり，個人の行動とともに，組織の行動がある.

企業には，事業に必要な業務を執行する組織（業務執行組織）があり，行政機関には，行政上の職務を遂行する組織（行政組織）がある. 組織を形づくっている基本原理（組織原理）は，共通とみてよい.

個人と法人

技術者や研究者は，個人であり，彼らが雇用されて働く企業や公的機関などの団体は，法人である.

法人（legal person）は，法律に定められ，成立するのも，解散して消えるのも，法律上の手続[9]によってそうなる. その意味で，虚構（架空）の存在である. それと区別する場合，われわれ生物としての人を自然人（natural person）という. 個人（individual）というときは，自然人を指している.

9　会社を設立するには，まず，発起人が定款（ていかん）を作る. これが会社運営の基本の規則となる. 会社の持ち主を「株主」といい，発起人が株主となる人を集めて，出資金を銀行などの金融機関に払い込んでもらう. ついで，その払込証明書と定款とをそえて，法務局に登記（とうき）の申請をする. 法務局は，書類に誤りがなければ受け付けて，商業登記簿に記入する. その記入の時に会社が成立する（会社法49条）.

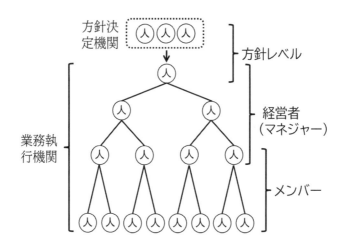

図3.1　業務執行の階層組織

階層組織

　経済学のウィリアムソン（Williamson, Oliver）は 1970 年代に，企業の組織が重要とみて，経済組織の論理を研究し，規模と複雑性が増すとともに，階層構造の組織が適することを示した[10]．

　ウィリアムソンが描いた図にもとづき，一般的な階層組織のモデル図を示す（図3.1）．この図は，個人を「人」のマークで示し，組織が個人で構成されていることを印象づけている．法人は，このように個人を配置した組織によって，業務を執行する．

　この図で，方針決定機関は，会社では取締役会である．方針レベルで業務執行の方針を決め，業務執行機関では，社長やCEO[11]など経営トップが階層組織の頂点に立ち，経営者（マネジャー）による指揮監督のもと，メンバーが行動して，業務が執行される．国の行政組織では，頂点に立つ「各省の長は，それぞれ各省の大臣」（国家行政組織法3条・5条）である．

業務執行の3要素モデル

　業務執行は，以下①〜③の3要素からなるとみる（図3.2）．

　10　O.E. ウィリアムソン著，浅沼万里・岩崎晃訳『市場と企業組織』日本評論社（1980）．原典は，Williamson, Oliver E.: "Markets and Hierarchies :Analysis and Antitrust Implications", Free Press (1975).

　11　CEO（chief executive officer）が，新聞などで，"最高経営責任者"とされることが多いが，アメリカでも日本でも，会社の最高経営責任は，取締役会にある．取締役会の決議に従って，必要な業務の執行を担うのが執行役員（executive officer），そのトップが社長やCEOである．直訳すれば，「主席執行役員」となる．

① 上から下への指揮監督（リーダーシップ）

業務執行の権限は経営トップにあり，そのリーダーシップは，上から下への指揮監督によって，業務執行の方針を示し，方向づけをするもので，業務執行の根幹となる重要性がある．

② 個人の動機

実際に行動するのは個人であり，個人自らの動機（前出 17 頁参照）が，積極的な行動となる．

　　　–1　未知への警戒

　　　–2　活性化されたモラルの意識（倫理）

　　　–3　法令にもとづく職務上の責務の認識（法）

　　　–4　専門的な知識・経験・能力（技術者においては科学技術）

③ コミュニケーション

階層組織に人が配置されると，そのコミュニティにおける，つぎのタイプのコミュニケーションを通じて，業務が執行され，共通モラルと風土が育つ．

　　　X1　リーダーは，目的を示して指揮・命令

　　　X2　メンバーは，示された目的に向けて一斉に行動

　　　Y　　リーダーを含むメンバー相互の同胞的な対話

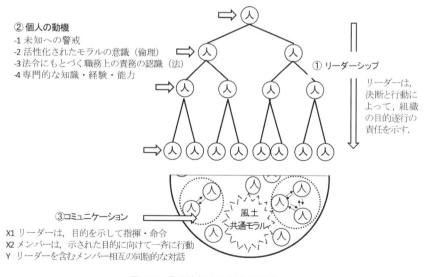

図 3.2　業務執行の 3 要素モデル

このモデル図は，倫理はひとり歩きするものではなく，このような全体の仕組みのなかで機能することの表現でもある．

3.3　経営者と技術者の課題

組織で業務を執行するうちに，しばしば直面する問題がある．

「あらゆる組織が，コスト / スケジュール / 安全・品質の目標間の相反の解決に，たえず直面する」とみたのは，2009 年，NRC（米国原子力規制委員会）だった．組織のなかで，経営層とメンバーとが，あるいは，経営者と技術者とが，意見が違って対立するのは，常にありうることである．NRC は対立の解決について，方針を示した[12]．本書ではこれを，図に表す（図 3.3）．

メンバーが技術者の場合，技術者が目標とする「安全・品質」を実現しようとすると，経営者が目標する「コスト」を超えてしまう．「コスト」を経営者の目標以内に抑えれば，「安全・品質」を確保できない，という目標の相反がある．チャレンジャー打上げをめぐる，技術者ボイジョリーらと，上級副社長メーソンとの対立は，「安全」と「スケジュール」の相反だった（第 5 章参照）．

相反を，図のとおり，コミュニケーションによって解決する．経営者は，①メンバーの職務を明確にし，②相反を解決する優先順位についてメンバーの意見をよく聞く．メンバーは，①経営者が決めた職務の枠組み内で作業をし，それでいて，②何が重要かについては，自らの信条と姿勢を持ち，競合する（＝

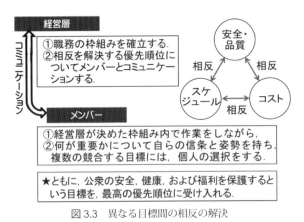

図 3.3　異なる目標間の相反の解決

12　NRC, Draft Safety Culture Policy Statement: Request for Public Comments, Federal Register: November 6, 2009 (Vol. 74, No. 214).

相反する）目標には，個人としての選択をし，そのように主張する．こうして最終的に，組織としての意思決定をするのは，経営者である．

　組織において，経営者と技術者とが，このような関係を築けるようになることが期待される．

3.4　倫理の意思決定——生命倫理

　生命倫理は，一つのまとまっている大きな領域であり，筆者らは専門外で，理解できることは限られている．本書は，倫理への信頼に注目している．生命倫理の関係では，「倫理」の語があるのみで，「倫理への信頼」の語は見当たらないようだ．当たり前のことだからだろう．

　以下に見るとおり，生命倫理は，倫理を信頼して実務のシステムを築き，運用している．前記 AI 領域の「倫理的に配慮された設計（EAD）」（前出 25 頁参照）とともに，現代の科学技術の先端領域には，倫理への信頼がある．そのことに注目しよう．

生命倫理

　生命倫理（bioethics，バイオエシックス）が対象とする問題は，生命の本質，生命の根元にかかわる．

　人間の生命の設計図といわれるヒトゲノムの研究は，人間の生命の根源に迫り，その全塩基配列の解読完了を目前にしている．今後，個人のゲノムの研究から，個人個人に適した新しい医療の実現を目指していて，さまざまな問題が生じる．

　ヒト ES 細胞や iPS 細胞の研究は，ヒト胚は人の生命の萌芽であり，どの程度の保護を与えるかについては，見方によってさまざまな考え方がありうる．人の生命の萌芽として尊重すべきことを考慮し，妥当と認められる場合にのみ実施が許容されるという．

　生命倫理は，1964 年，世界医師会のヘルシンキ宣言「人間を対象とする医学研究の倫理的原則」に始まるとされる．クローンの関係では 1997 年，クローン羊「ドリー」の誕生が発表され，英国とドイツで 2000 年，クローン人間の産出を明示的に禁止する法律が制定され，日本では 2001 年，「ヒトに関するクローン技術等の規制に関する法律」（クローン技術規制法）が制定された．

　同法に，文部科学大臣は「特定胚の取扱いに関する指針を定めなければな

らない」(同法4条) と規定され, パブリック・コメント (意見公募手続[13]) を経て, 倫理に関する指針「特定胚の取扱いに関する指針」が制定され, 2019年全部改正された.

　クローン技術規制法は「法律」, これにもとづく指針は「命令」で両方合わせて「法令」という (表10.1参照).

　その他, 文部科学省, 厚生労働省等により, つぎの分野で倫理に関する指針が制定されている.

- ・ヒト ES 細胞研究 / 生殖細胞作成研究
- ・ヒトゲノム研究
- ・人を対象とする医学系研究 (疫学研究を含む)
- ・生殖補助医療研究

(2)　倫理に関する指針

　倫理に関する指針の例として,「ヒトゲノム・遺伝子解析研究に関する倫理指針」(ヒトゲノム倫理指針) を, 組織の意思決定の観点から, 簡単に要約する.

- ・世界医師会によるヘルシンキ宣言等に示された倫理規範をふまえること (前文)
- ・倫理審査委員会による事前の審査及び承認により研究の適性の確保 (基本方針).
- ・すべての研究者等は, 倫理審査委員会の承認を得て, 研究を行う機関の長により許可された研究計画書に従って研究を実施すること
- ・研究機関の長は, すべての研究の計画・変更について, 倫理審査委員会に意見を求め, その意見を尊重し, 許可するかどうかを決定すること
- ・研究責任者は, あらかじめ研究計画書を作成し, 研究を行う機関の長に許可を求めること. 研究計画書を変更しようとする場合も同様
- ・倫理審査委員会は, 研究計画の実施の適否等について, 倫理的観点とともに科学的観点も含めて審査し, 研究機関の長に対して文書により意見を述べること

　こうしてみると, 研究機関の長に意思決定権限を認めながらも, 倫理審査委員会が決定的な役割を担っている.

(3)　倫理審査委員会

　倫理審査委員会は, つぎの構成による.

13　意見公募手続 (パブリック・コメント) は, 行政機関が「命令等を定めようとする場合」の手続き (行政手続法39条).

① 倫理・法律を含む人文・社会科学面の有識者，自然科学面の有識者，一般の立場の者から構成される．

② 外部委員を半数以上置くことが望ましいが，その確保が困難な場合には，少なくとも複数名置かれる．

③ 外部委員の半数以上は，人文・社会科学面の有識者又は一般の立場の者である．

④ 男女両性で構成される．

（4） 倫理確保の枠組み

ここまで，法令で知り得たことをまとめると，こうなる．

文部科学大臣など行政機関が，法律にもとづき，指針を制定するところから始まる．法律の規定は，一般的で抽象的な表現が多い．それを指針によって具体化する，すなわち，適用する法を決定する（図10.2参照）．

そして，行政機関が，研究機関に対して規制する．上記のとおり，指針に，研究機関の行動の仕方を定め，必要に応じて行政指導をする．

しかし，行政機関による他律的な警察的規制ではなくて，上記指針のとおり，研究機関の自主的な自己規制が尊重される．

研究機関では，決定権限を持つのは研究機関の長であるが，一般の業務執行と違って，倫理に関しては，倫理審査委員会の意見を尊重するという形式をとっている．

倫理への信頼

倫理は自律の規範であり，当事者がその気になり自主的に取り組むものである．法令が，研究機関の自主的な自己規制を尊重する形式になっているのは，その趣旨だろう．

国が法律を制定し，法律にもとづく指針に，意思決定の方法を定め，倫理審査委員会の意見を尊重するものとして，当事者の自己規制によることとしている．これは，日本という国が倫理を信頼するシステムにほかならない．倫理を信頼して，生命の本質，生命の根元にかかわる問題に対処しようとしている．元をたどれば，ヘルシンキ宣言に，倫理によって医療がかかえる問題を解決しようとする，倫理への信頼がある．

倫理的な行動は，モラルの意識，共通モラルの支えがあってこそである．法令どおり形式的な遵守みでは，形骸化になることはいうまでもない．

（ 討論1 ）　技術者の組織問題
　　つぎの項目のうち，適当とはいえないのはどれか，討論しよう．

□ 倫理規程は，組織の誰もが守るべき重要な規範であり，違反には厳
　重な制裁をもって対処するものである．
□ 倫理規程は，本質的に，メンバーの自律による行動を促すものであり，
　法と違って，制裁による強制はなじまない．
□ 組織のコミュニケーションは，階層組織の上下方向に限られ，隣の
　人などとの会話は，組織の秩序を乱すものである．
□ 技術者は，経営者が決めた枠組み内で作業をしつつ，何が重要かに
　ついて，自らの信条と姿勢を持つものである．
□ 技術者は科学技術を専門とし，経営者は，専門技術に関することは，
　技術者の意見に服従しなければならない．

3.5　まとめ

　組織の倫理規程は，守るべき人の心に刻み，組織の倫理的な行動を方向づ
けるとともに，社会に向けて組織の倫理方針を誓約するものとなる．組織の業
務執行は，一般に階層組織により，リーダーシップ，個人の動機，コミュニケー
ションの3要素がかかわる．あらゆる組織が，経営者と技術者の，目標の相
反に直面するものだが，その解決方法がある．生命倫理の対象は，生命の本質，
生命の根元にかかわる．わが国の法制を検討すると，日本という国が倫理を信
頼するシステムにほかならない．元をたどれば，ヘルシンキ宣言に，倫理によっ
て医療がかかえる問題を解決しようとする，倫理への信頼があるとみられる．

アメリカ土木技術者協会　倫理規程（新版）用語解説

　ASCE（アメリカ土木技術者協会）は，当初の倫理規程の様式を守ってその後の発展を継ぎ足してきたが，2020年に様式を一新した新版（次頁以下に示す）を制定した．技術者の倫理規程のあり方の一つの方向を示すものとして，目を通しておくとよい．理解の参考になると思われるので，インテグリティ/レジリエンスおよび公平・公正・衡平について解説する．

　インテグリティ/レジリエンス

　インテグリティは3か所（前文，3a, 4a）に，レジリエンスは「レジリエント」として1か所（前文のうち基本原理）に出てくる．

　この2語については，本書第2章（前出19–20頁参照）に説明がある．

　公平・公正・衡平

　衡平は4か所（前文のうち基本原理，3e, 5d, 5g）に，公平は2か所（前文のうち基本原理，1f）に出てくる．公正は，ここには登場しないが，この3語はいずれも広い意味での「公平」だが，およそつぎのような違いがある[14,15]．

　① 公平（fair, fairness）

　特定の当事者間において，いずれにも偏っていない場合に「公平」であるという．

　② 公正（just, justice）

　社会ないし不特定多数の関係において，受け入れられている規範から外れてだれかに有利であるような偏りがない場合に「公正」であるという．

　③ 衡平（equitable, equity）

　既存の法が不適当である場合に，モラルと常識（moral and common sense）にもとづいて，公平または公正な解決になるようにする．これが衡平のルールである．

　こうしてみると，ASCEの倫理規程に「衡平」の語が使われていることがうなずけよう．

14　Webster's New World College Dictionary, Third Edition, Macmillan General Reference (1997).
15　杉本泰治『法律の翻訳』勁草書房，182, 206頁（1997）.

アメリカ土木技術者協会 倫理規程（新版）

前文（Preamble）

　アメリカ土木技術者協会の会員は，自らインテグリティとプロフェッショナリズムによって行動し，土木技術の実務を通じて，他の何ごとよりも，公衆の健康，安全，および福利を保護し，推進する.

　技術者は，つぎの基本原理に従って自らの専門職のキャリアを管理する：
- 安全で，レジリエントで，かつ持続可能なインフラストラクチャを創造する；
- すべての人々に尊敬，尊厳，および公平をもって接し，個人的アイデンティティにかかわらず，衡平な参加を育てるようにする；
- 現在および予測される社会のニーズを考慮する；そして，
- 自らの知識およびスキルを，人間の生活の質の向上に利用する.

　すべてのアメリカ土木技術者協会の会員は，会員の種別や職務の種類に関係なく，つぎの倫理的責任のすべてを誓約して遂行する．それらの倫理的責任が相反する場合は，ステークホルダーの5者を優先の順に列挙する．所与のステークホルダーのグループ内では，責任の優先順位はなく，ただし，1aは他のすべての責任の上位にある.

倫理規程（Code of Ethics）

1. 社会（Society）

　技術者は：
- a. 第一に，かつ最高に，公衆の健康，安全，および福利を保護する；
- b. 人間の生活の質を向上する；
- c. 専門職の意見は，真実に即し，かつ適切な知識と正直な確信にもとづく場合にのみ，表明する；および
- d. あらゆる形態の贈収賄，詐欺，および汚職の許容はゼロであり，違反を正当なな権限ある者に報告する；
- e. 市中の行事に役立つよう努める；
- f. すべての人々に敬意，尊厳，および公平をもって接し，差別および嫌がらせのすべての形態を拒否する；
- g. コミュニティの多様な歴史的，社会的，および文化的ニーズを認識し，自らの作業にそれらの考慮を組み入れる；
- h. 現在および新たなテクノロジーの能力，限界，および影響を，自らの作業の一環として，考慮する；および
- i. 不正な行動は，公衆の健康，安全，および福利の保護に必要な場合，適切な権限ある者に報告する.

2. 自然環境と人工環境（Natural and Built Environment）

　技術者は：
- a. 持続可能な開発の原理を固持する；
- b. 社会的，環境的，および経済的な影響を，自らの作業における改善の機会に，考慮しバランスるを図る；
- c. 有害な社会的，環境的，および経済的影響を緩和する；および

d. 資源を賢明に利用して，資源の枯渇を最小限にする．

3. 専門職業（profession）

技術者は：

a. その専門職業の名誉，インテグリティ，および尊厳を支える；

b. 技術の実施には，実施の法域におけるすべての法的要求と整合であるようにする；

c. 自らの専門職の資格と経験を，真実に即して表示する；

d. 不公平は競争の実務を拒否する；

e. 現在および将来のエンジニアとの間に，先輩による指導や，知識の衡平な分け合いを推進する；

f. 社会における土木技術者の役割において，公衆を教育する；および

g. 専門職として能力開発を続け，技術的および非技術的な力量を高める．

4. 顧客と雇用者（Clients and Employers）

技術者は：

a. 自らの顧客および雇用者の誠実な代理人として，インテグリティとプロフェッショナリズムをもって行為する；

b. 顧客および雇用者に，いかなる現実の，潜在的な，または認識される利益相反も，明瞭にする；

c. 顧客および雇用者に，自らの作業に関係するいかなるリスクおよび制限も，適時に通報する；

d. 顧客および雇用者に，自らの技術的な判断が，公衆の健康，安全，および福利を危険にさらすかもしれないために，変更を強いられる場合には，その結果を明瞭に，かつ迅速に提示する；

e. 顧客および雇用者のものと特定された所有権情報の秘密を守る；

f. 自らの力量の領域においてのみサービスを行う；および

g. 承認し，署名し，またはシールするのは，自らによって，または自ら責任を負って，作成もしくは審査されている作業の産物のみである．

5. 同　　僚（Peers）

技術者は：

a. 自分で完成した専門職の作業のみを自らの業績とする．

b. 他人の作業の帰属を明示する；

c. 作業場における健康および安全を促進する；

d. 同僚とのあらゆる関わりにおいて，差別的でなく，衡平で，かつ倫理的な行動をし，これを推進する；

e. 協働的な作業への取り組みは，正直性と公平性をもって行う；

f. 他の技術者およびその専門職業の将来のメンバーの，教育および能力開発を奨励し，可能にする；

g. 衡平に，かつ尊敬しつつ監督する；

h. 他の技術者の仕事，専門職の評判，個人的な性格については，専門職のやり方でのみコメントする；および

i. アメリカ土木技術者協会の倫理規程への違反を報告する．

話題の映画「タイタニック」を見ていたときのことだ。スクリーンの上で、客船が氷山に衝突した瞬間、女性は、現実に引き戻された。一カ月前に、勤め先の拓銀は破たんしていた。

パニックの船内で取り乱す人、カラ元気を出す人、努めて平静を装う人、一つひとつのシーンが、職場で見てきた光景と二重写しになった。バブル崩壊に気づくのが遅れた拓銀と、氷山を避けられなかった豪華客船。イメージは今も重なるが、違いにも気づいている。「タイタニックでは乗員の大半はただの客だったが、拓銀は五千人にそれぞれの役割があった。一人ひとりがそれをきちんと果たしていれば、氷山を避けることができたはず」。苦い思いはまだ消えない。

北海道拓殖銀行（本店・札幌市）は一九九八年十一月十三日、窓口業務はすべて営業を終了し、九十八年の歴史に幕を閉じた。

（朝日新聞、同月十四日二十七面）

第4章　なぜ技術者の倫理か

　技術者の倫理規程に，「公衆の安全，健康，および福利を最優先する」とある（第3章参照）．科学技術が広く，深く人間生活にかかわる社会において，科学技術を担う技術者は，公衆の安全・健康・福利を保護する責務を負う．

　その目で見ると，技術者の行動の広がりに，代表的な三つの場面がある：①科学技術の危害を抑止する，②公衆を災害から救う，③公衆の福利を推進する．以下，この順に，事例をたどることにより，どの場面にも「モラルの意識」の支えがあること，倫理への信頼がなくてはならないこと，そして保護されるべき「公衆」とは何かが見えてくる．

4.1　科学技術の危害を抑止する

　科学技術は人間生活を豊かにしている反面，科学技術がもたらす危害がある．その抑止がなければ，人類の生存が脅かされる事態さえありうる．

　技術者は，科学技術を人間生活に利用するところで働く．いいかえれば，科学技術から生じる危害を，いちはやく探知し抑止することが可能な立場にある．抑止が可能なのは，その場にいる技術者である．このことの認識が，技術者に期待がかけられ，技術者の倫理がいわれるきっかけになった．

第1話　村の牛乳屋

　　第二次世界大戦が始まる前から，戦後のある時期まで，その北国の小さな村に，屋号のように“牛乳屋”と呼ばれる家があった．

　　白と黒のまだら模様の乳牛を3，4頭ほど飼って，毎日，乳を搾って売るのが家業である．牧場があるわけでなく，家の前を流れる大きな川に堤防があり，その斜面に生える雑草を，牛がはむ．小学生の息子たちが草刈りをして干し草にもしていた．ガラスの牛乳瓶に詰めた乳を，父親が近くの小学校の先生や6キロばかり離れた町へ配達に出る．配られた牛乳は，まだ温かだった．搾った生乳を大きな釜で煮る方法で滅菌していたらしい．電気冷蔵庫のない時代，その日に出た乳は，その日に消費されていたのだろう．

　　牛乳に米を研いだ白い水を混ぜているという噂が立った．小学校の理科の先生が，牛乳にヨードチンキを垂らすテストをしてみた．澱粉特有

の呈色はなかった. 不正はなかったのだ.（村には牛乳屋のほか, 家業がしょうゆ屋の家があったが, 日本が高度成長期へ移る頃には, どれも廃業した.）

この牛乳屋は, 地域消費の小さな家内企業だった. この父親のやり方で安全が保たれ, 事故は起きなかった.

つぎの第2話は, それから半世紀ほど後の物語である. 大企業が, 科学技術を利用した近代的なプロセスによって, 良質で安全な牛乳を大量に生産し, 経済的な価格で広域の消費者に供給する. それはその企業にとっても, 消費者にとっても福利（＝利益）である. ところが, 科学技術利用のプロセスが, 消費者に危害を及ぼす凶器にもなる.

第2話　雪印乳業食中毒事故

日本の食品企業が, 食品衛生法にもとづく規制行政のもとで, 今日の高い信頼を確立する過程での, 記念碑的な出来事である.

品質管理の導入 [1,2]

第二次世界大戦後の占領下, まだ日本が貧しかった時代, 雪印乳業は1948年, 連合軍の担当官が工場の査察を徹底して行い, 牛乳・乳製品の衛生管理の指導を受け, 1952年, 統計的な品質管理を導入した. ところが事故は起きた.

1955年八雲工場

1955年3月, 東京都墨田区の小学校で, 給食で出た雪印製の脱脂粉乳を飲んだ小学生が激しいおう吐と腹痛を訴えた. 発生は9校, 患者数は1,936人にのぼった. 北海道八雲工場で製造された脱脂粉乳から, 溶血性ブドウ球菌が検出された [3]. 原因は, 八雲工場で停電が起き, 原料の牛乳の処理に時間がかかり, その間に細菌が繁殖したものだった. 当時, 新任の社長は「品質によって失った名誉は, 品質によって回復する以外にはない」とした. 八雲の事故を忘れるな, ということが当時入社した従業員の頭には焼き付いていた, はずだった [4]. しかし, 再び事故は起きた.

2000年大阪工場

2000年6月末に各地の集団食中毒が伝えられ, 6月30日の時点ではこうだった.

大阪工場で同月下旬に製造された紙パック入りの加工乳「雪印低脂肪

1　NHK総合テレビ, あすを読む「雪印と品質への信頼」2000年9月20日.

2　久米均「メイド・イン・ジャパンとメイド・イン・アメリカ—品質管理の交流」『アメリカと日本』東京大学出版会, 153頁（1994）.

3　朝日新聞, 2000年7月8日38面「墜ちた雪印 中」.

4　NHK総合テレビ, 前出.

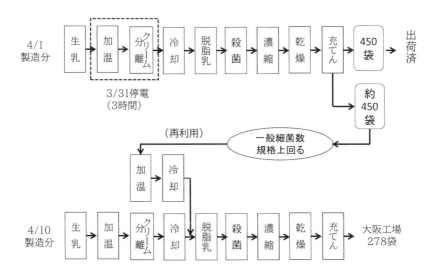

図4.1　雪印乳業大樹工場 製造工程 [4]

乳」を飲んだ人におう吐や下痢などの症状が出ている問題で，被害は近畿2府4県や岡山県で，自己申告も含めて約千2百人に広がったことが30日，大阪府や各府県の調べでわかった．大阪市などが原因を調べているが，病原菌などは特定されていない（朝日新聞，6月30日夕刊）．

　7月1日，発生後初めて大阪市内で社長が記者会見し，大阪工場の製造工程のバルブから黄色ブドウ球菌が検出されたと発表した．

　ところが，7月9日，雪印が「黄色ブドウ球菌」と公表した菌株は，大阪府警が菌株を押収し，同市環境科学研究所で鑑定した結果，同球菌とは別ものと判明した．厚生省・大阪市原因究明合同専門家会議は，同年12月20日，最終報告をまとめた．原因は，紙パック入り加工乳の原料となった，大樹工場製脱脂粉乳と断定した（同，12月21日）．

大樹工場

　大樹工場の製造工程（図4.1）で，3月31日，電気室に氷柱が落下したため，午前11時から約3時間，停電した．

　通常なら数分間で終わるクリーム分離工程で，脱脂乳が20〜30℃に加熱された状態で約4時間滞留し，冷却機のなかでも脱脂乳が一部滞留していた．また余った脱脂乳をためておく濃縮工程の回収乳タンクでも，9時間以上冷却されずに放置された．この過程で，黄色ブドウ球菌が増殖し，毒素「エンテロトキシンA型」が大量に生成した．この毒素は，

加熱しても分解しない．牛乳の場合，25〜30℃で5時間経過するなどの条件でこの毒素は食中毒を起こすほどになる．このため，酪農家は搾乳した生乳を4.4℃まで冷却し，農協がタンクローリーで工場に運ぶ[5]．

　4月1日製造の約900袋を検査し，約450袋で一般細菌数が会社規格を上回っていながら（1グラムあたり規格9,000個のところ11,000個検出），工場の担当者は，この先で加熱殺菌すれば製品に転用できると考えて，4月10日の製造の際，原料に加えて脱脂粉乳を製造した[6]．

　最終的に，死者1人を含む13,420人の有症者を出し，日本の食中毒事件としては過去最多の被害者となった．

　科学技術は扱い方を誤ると，大変危険なものだ．このような企業とその経営者に，科学技術を利用する事業を営む資格があるだろうか．しかし，これは経営者を責めてすむことではない．技術者たちが，事故を抑止し，被害拡大を防止できる立場にいたはずだ．なお，雪印乳業の工場は，HACCP[7]にもとづく厚生省（当時）の承認を得ていた．大樹工場の製品まで事故原因を追跡できたのは，その効果のようだ．科学技術の乱脈な利用が引き起こした事故を，法と健全な科学技術が収拾したといえよう．

第3話　水俣病問題

　野口遵は，1896年に東京帝国大学電気工学科を卒業し，1902年，同窓の藤山常一と共同で仙台・三居沢でカーバイド製造を始める．1906年，鹿児島県の曾木に発電所をつくり金鉱山へ電力を供給する事業を創始し，その余剰電力を使ってカーバイドを生産するため，熊本県水俣村に工場を建設．さらにドイツからカーバイドを原料として空気中の窒素を吸収化合させる石灰窒素製法の特許を得た．こうして百年余り前に，野口遵が曾木から出発して築

5　毎日新聞，2000年8月20日27面「雪印食中毒／毒素生成はいつ」；朝日新聞，同年6月30日夕刊1面「雪印低脂肪乳／異常訴え1200人に」；同，12月21日38面「雪印食中毒最終報告／原因は大樹の停電」；同，2001年3月17日1面「雪印前社長ら書類送検」．

6　NHK総合テレビ，前出．

7　HACCP(Hazard Analysis-Critical Control Point)は，"ハサップ"とか"ハセップ"と呼ばれる．食品の微生物管理について，米国で生まれた．国際的な流通が進み，世界各国から供給される産物の安全性を確保する必要から，発展途上国を含めて，品質管理のレベルの向上を目的とする．原料受入から製品までの各工程を明確にして，検査の記録に残し，消費過程で問題が起きたら，原因をチェックできるようにするシステムである．日本では1995年，食品衛生法に「総合衛生管理製造過程を経た製造・加工の承認」として規定され（同法13条），98年に，通称「HACCP手法支援法」という「食品の製造過程の管理の高度化に関する臨時措置法」が時限法として制定された．2018年の食品衛生法改正により，2020年6月から，HACCPによる衛生管理が義務化され，同時に，HACCP手法支援法は失効した．

いた事業は，第二次世界大戦後，日本を支え，発展させる原動力の役目を担った化学工業分野の企業となり，現在のチッソ株式会社のほか，旭化成株式会社，積水化学工業株式会社などへ続いている．

1956年5月1日，水俣保健所に「原因不明の脳症状の患者」との報告があり，これが水俣病の公式確認の最初とされる．

原因究明[8]

　① 1956年，熊本大学の研究グループが水俣工場の排水が原因と発表したが，有機水銀の特定ができず，マンガン，タリウム，セレンなどが疑われた．

　② 1958年，水俣を訪れた英国の神経学者マッカルパインが水俣病が英国の有機水銀中毒例（ハンターラッセル症候群）に似ていると指摘．有機水銀が原因であると疑われるきっかけとなった．

　③ 1959年，水俣工場でアセトアルデヒドの製造法を確立した技術者，橋本彦七（水俣市長）が，日本海軍の爆薬の水俣湾投棄が汚染した説を言い出したが，事実確認で否定された．

　④ 東京工業大学清浦雷作教授が，腐った魚から出るアミン系毒物による中毒説を，水銀説に対抗して提出した．

　⑤ 1959年，熊本大学医学部水俣病研究班を中心とする厚生省水俣病食中毒部会が泥，魚介から水銀を検出した．厚生省食品衛生調査会常任委員会は．厚生大臣に水俣病は有機水銀による中毒であると答申している．

　⑥ 1959年，チッソ付属病院の細川一院長が，工場排水を用いて猫を発病させ，水俣病の原因が工場排水であることを確認した（400号の猫の実験）．チッソ内部ではこれらの真実は秘密にされ，水俣病の原因でないと主張していた．

　⑦ 1960年，熊本大学医学部内田槇男教授が水俣湾産貝からメチル水銀を抽出する．1961年，入鹿山且朗教授は工場排水からメチル水銀を検出し，猫に与えて水俣病を発病させた．

　⑧ 1965年，瀬辺恵鎧教授らは，モデル実験においてアセトアルデヒド製造工程からメチル水銀化合物の副生に成功した．

　⑨ 1968年9月，政府が，チッソ水俣工場で生成されたメチル水銀化合物が原因と認定し，水俣病を公害病と認めた．

水俣病第1号の認定から，政府による病因の認定まで26年が経過している．

8　国立水俣病総合研究センター，水俣病に関する社会科学的研究会「水俣病の悲劇を繰り返さないために－水俣病の経験から学ぶもの－」（1999年12月）．

被害者救済

2004年10月, 関西訴訟で最高裁判所が, 国と熊本県の責任を認定し, 国の基準より広く被害を認めた. この最高裁の判決から, 国が被害者救済に向けて積極的に動き, ようやく2009年7月, 被害者の全員救済を目指す「水俣病特別措置法」(「水俣病被害者の救済及び水俣病問題の解決に関する特別措置法」)が成立し, 2010年に入り, 和解がまとまり, 救済が始まる. 公式確認から半世紀余のことである.

水俣湾公害防止事業[9]

「水俣湾公害防止事業」は, いまの水俣広域公園あたりの埋め立て工事である. 運輸省第四港湾建設局水俣分室の技術者たちが, 水俣病の第一の課題は原因究明, 第二の課題は被害者救済, 第三の課題が公害防止事業, という位置づけで取り組んだ.

　　工場からの排出が止まっても, 魚介類の水銀濃度は食品の安全基準以下になかなか下がらない. 排出された水銀が海底の泥のなかに蓄積されていたからだ. そこで, 水銀で汚染された泥の浚渫(しゅんせつ)が必要になった. 水俣湾で, 乾泥1kg中の総水銀濃度が25mg以上の底泥は除去すべきとされ, この基準に照らすと, 汚染泥は湾内の2百ヘクタールに広がり, 体積151万m³に達した. 湾奥の濃度が高く, 湾口に向かって相対的に低い. 汚染泥の厚さは, 湾奥の高濃度地点で1～2m程度(最大6m)で, 沖合では基準値以上の濃度が数cm程度だった. 底泥中の蓄積水銀は, ほとんどが無機の硫化水銀だが, 日光の紫外線の作用や曝気による酸化作用を受けると, メチル化し生物に取り込まれやすい有機水銀に変化する可能性が指摘されていた.

　　運輸省第四港湾建設局は, 安全第一に考え当時の最新技術を集めた. 汚染泥をまき散らさないよう, 真空掃除機方式の, 海水ごと底泥を吸い上げるタイプの新しい浚渫船4隻が使われた.

　　この工事に, 地元住民の不安感は消えず, 着工直前の1977年12月に熊本地裁に「この工事計画は杜撰(ずさん)で, 工事により第二水俣病を起こす恐れあり」と工事差し止めの仮処分申請が出された. 裁判所では18回の審議と3回の口頭弁論で, 水俣病の発症から工法・基準・監視と広範な問題にわたって非常に高度で技術的で専門的な論争が繰り広げられた. その結果, 「国・県が採ろうとする工法は技術的には現時点で考えられ

9　水俣市立水俣病資料館・水俣病資料館　語り部の会「水俣湾再生にたずさわった人たち─『水俣湾公害防止事業』その時 人はどう動いたか」.

る最高の配慮がなされており，このまま工事を継続して差し支えない」
と訴えは却下された．3年程を要した．

　最も印象に残る工事は，鋼矢板セル護岸の最終締切の工事である．1
時間程の潮間に一気に締切り，すべての護岸で始めて水位差がつく瞬間
を迎える．報道機関の見守るなか，成功裏にこの工事を終えたときは全
員が「土木屋になって本当によかった」という気持ちでいっぱいであっ
た．

　汚泥浚渫が終わると，表面処理工事は，シートの上にシラスを80cm
厚で水搬するものだった．一層目40cmのシラスを水搬した後，やはり
心配だったので，胴長をはいてひざ上まで水につかりながら表面処理の
上を歩いて安定性を実際に確かめてみたりした．
　1990年に工事を完了，それから7年半，97年10月水俣湾内に棲息
する魚のほとんどは含有水銀濃度が旧厚生省基準0.4ppmを下回り，水
俣湾は再び市民の手に戻されることとなった．湾内では漁業が再開され，
浚渫土砂で造成された埋立地は緑地，公園になり，あるいは水俣病を浄
魂する地，市民を癒す場となっている．

　工事完了の1990年頃，水俣病をめぐる市民同士の対立という状況が，変わ
り始めた．地域再生に向けた県，市の事業が始まり，市の環境モデル都市づ
くり宣言（92年），水俣病患者に対する市長の謝罪（94年），市民の絆を回復
する「もやい直し」運動，未認定紛争の政治決着（95年）へとつながる．

4.2　公衆を災害から救う

　有史以前からの地震，津波，火山，風水害など自然災害の脅威はいまも大
きい．科学技術の発達とともに，災害発生の予知が可能になり，災害時の救
援，さらに復興が加速されるようになった．自然の猛威にまかせるほかなかっ
た時代を想像すると，いかに科学技術がこの面で公衆の安全と健康の確保に
寄与しているかがわかる．

第4話　南海トラフ沿いなど大規模地震対策

駿河湾から日向灘に至る南海トラフ沿いに予想される大規模地震の対策は，
1978（昭和53）年に発しながら，2017（平成29）年になって，「現在の科学的
知見からは，確度の高い地震の予測は難しい」とされ，対策の抜本的な転換と

なった [10,11].

　2011年の東日本大震災が想定外だったこと，2016年，確率がはるかに低いとされた熊本地震が発生したことから，「予測は無意味」とされ，2017（平成29）年，「前兆をつかみ警戒宣言を出す直前予知の仕組みは，事実上廃止され」[12]，つぎの対策となった.

南海トラフ沿いの地震観測・評価に基づく防災対応のあり方（平成29年）

　確度の高い地震予知は困難であるものの，地震計やひずみ計等で観測される何らかの異常な現象がある. そこで，異常な現象の観測時に速やかに防災対応を実施するためには，南海トラフ沿いの地殻変動や地震活動等を常時観測するとともに，観測データを即時的に分析・評価する体制を構築して，起こっている現象とその変化を把握し続けること，その上で，この分析・評価結果を防災対応に活かすことができるような適時的確な情報の発表に努めることとされた.

　百年前の関東大震災を引き起こした相模トラフは，神奈川県沖の相模湾から太平洋沖まで300kmにわたる. 東京や東北地方などが載った陸のプレートの地下に，伊豆半島側のフィリピン海プレート（海のプレート）が沈み込んでいる. この二つのプレートの境にできた溝が相模トラフだ. 同じく海のプレートが陸のプレートの下に沈み込んでできたのが，西隣の静岡から九州沖に延びる「南海トラフ」で，兄弟のような関係にあたる. 相模トラフや南海トラフ周辺では，陸のプレートにたまったひずみが耐えきれなくなり，海のプレートとの境がすべり動く「海溝型地震」が繰り返し起きる [13].

　地震調査研究推進本部地震調査委員会は，地震動予測地図の2020年版 [14] で，「今後30年間に震度6弱以上の揺れに見舞われる確率」は，「北海道南東部や仙台平野の一部，首都圏，東海～四国地域の太平洋側及び糸魚川－静岡構造線断層帯の周辺地域などの確率が高い」とする.

　専門家は，専門的能力によってそれができるのは自分だと判断するとき，そのように行動する人であってほしい. それが，公衆が描く専門家像であり，<u>公衆は，そのように行動する専門家を信頼し尊敬する</u>.

10　中央防災会議 防災対策実行会議，南海トラフ沿いの地震観測・評価に基づく防災対策検討ワーキンググループ「南海トラフ沿いの地震観測・評価に基づく防災対策のあり方について（報告）（2017年9月）.

11　朝日新聞，2017年9月27日1面「南海トラフ 情報発信へ」.

12　ロバート・ゲラー「予測は無意味 現実を見よ」朝日新聞，2018年3月2日15面「私の視点」.

13　朝日新聞，2023年8月25日24面「関東大震災100年：巨大地震繰り返す相模トラフ」.

14　総務省地震調査研究推進本部ホームページ「全国地震動予測地図 2020年版」.
https://www.jishin.go.jp/evaluation/seismic_hazard_map/shm_report/shm_report_2020/

第5話　東日本大震災など復興の経験

2011年3月11日，東北地方太平洋沖地震に伴う大津波が，東日本の海岸を襲った．広域にわたる複合的な災害は，福島原子力事故を含め，東日本大震災と名づけられ，災害復興はこの10年余，着実に進み，なお進行している．

防災文化

この10余年，震災地での復興に従事した技術者たちは，復興の実務に携わる立場ゆえに，観察し，知り得たことや，考えてきたことがある．将来にわたる災害復興のあり方にかかわるが，日本技術士会東北本部では，それをとらえ，文化として次世代へ伝承したい思いがある．

昔から人々は，これから生まれてくる人たちが危害にさらされることがないよう思いやり，将来の世代に伝承されることを願い，それが次世代以降の人々によって尊重され，安全確保の実務に生かされる（前出19頁参照）．

災害関連の活動として，一般に，防災・減災・災害復興の三つが並べられる．しかし，災害復興の困難を身に沁みて知った人たちは，やはり防災が大事だ，と実感する．「防災」が三つ合わせての総称となり，「防災文化」という語が，使われるようになっている．

防災の担い手

防災には，自助・互助・共助・公助がいわれ，社会のあらゆる力が参画し，「誰一人取り残さない」きめの細かい対策が指向されている．

公助として，行政機関は，法律にもとづき防災のシステムを構築し，防災の全体を主導する．自衛隊・消防・警察などの活動と，行政機関との契約によって，建設業などの事業者が担う活動がある．

昔から個人の「津波てんでんこ」がいわれてきた．対策の基本は，自分自身の身の安全を守る自助にある．「稲むらの火」の故事には，集落コミュニティと地域リーダーの存在があった．住民は自治会や町内会といった地域単位の自治会に属し，互助がある．

共助として，ボランティアが全国的な規模で災害復興の支援に携わる活動があり，1995年，阪神・淡路大震災は，ボランティア元年といわれる．弁護士，建築士，司法書士，行政書士，技術士など，士業といわれる専門家の「士業連絡会」が，専門知識を活かし，連携して活動する．宮城県では，2005年設立の「宮城県災害復興支援士業連絡会」が，東日本大震災や2019年の東日本台風などの困難な災害復興に取り組んでいる．

　2015年の第3回国連防災世界会議で発表された,仙台防災協力イニシアティブは,基本的な考え方として,あらゆる政策,計画に防災の観点を導入する「防災の主流化」を提唱している.市民,学術界,専門家,メディアの連携を束ねるプラットフォームの形成が必要だ.

4.3　公衆の福利を推進する

　現代,人間生活にかかわる物品やサービスで,科学技術を利用しないものがあるだろうか.科学技術を利用し,物品やサービスを供給する活動は,それを営む企業に利潤をもたらすとともに,公衆の福利に寄与する.人の願望に限りはなく,願望が満たされないようなことがないよう,技術者に期待がかかる.具体的な事例を示すまでもない.以下,科学技術の発展とともに,人々が安全,健康,および福利を求め,社会で行われることの一般的傾向をとらえるとしよう.

第6話　安全確保の潮流

　科学技術の安全に関して20世紀に入る頃からの流れをたどる(図4.2).

　技術路線(図4.2:左)
　1802年,リチャード・トレビシックが世界初の実動する蒸気機関車

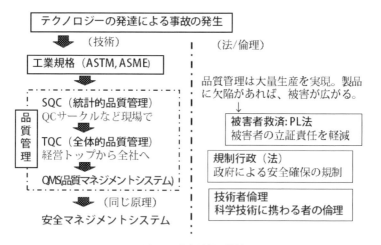

図4.2　安全確保の潮流

を発明し，19世紀後半，米国で発展しつつあった鉄道でレール破損による事故が頻発した．エンジニアが主導してレールの標準規格を推進し，1902年，ASTM[15]となる．同じ時代，普及したボイラーの爆発事故から，機械エンジニアが，ボイラーの検査と保険を組み合わせた予防措置を推進し，ASME（アメリカ機械技術者協会）の最初の規格，1914年の「ボイラーおよび圧力容器規格」が生まれる．

　ASTMやASMEの規格の成立は，製品などの品質を規格内に収める動きとなる．1924年，シューハート（Shewhart, Walter A.）がSQC（統計的品質管理）を提唱し，大量生産へとつながる．

　日本では，第二次世界大戦後，占領統治した連合軍が生産管理を指導した．品質管理が，QCサークルなど現場の活動に定着し，企業の経営トップから全社にわたるTQC（全体的品質管理）へと育ち，やがて別途発展したISO 9000シリーズの国際標準へ取り込まれる．経営（マネジメント）のことだから，「QMS（品質マネジメントシステム）」と呼ばれるようになる．

　安全の認識が深まるなか，品質マネジメントと同じ原理の「安全マネジメント」が，リスクアセスメントとともに発展する．

法・倫理路線（図4.2：右）

　品質管理は，低いコストで大量の製品を供給する大量生産を実現し，その反面，製造物の欠陥による被害が広がる．被害者が損害賠償を得やすくする厳格責任のPL（製造物責任）法が，米国で1962年に確立され，日本では1977年，製造物責任法が施行される．

　安全確保や危害抑止のために，政府による規制（規制行政）が行われる．一方で，技術者団体が，公衆の安全，健康，および福利を最優先する倫理を推進するようになった．

第7話　SDGs（持続可能な開発目標）

　人類は古来，自然環境に従いながら生きてきた．19世紀あたりから，人間は人間以外の世界に対しても何らかの責任があるという見方が受け入れられるようになった（後出195頁参照）．

地球温暖化

　地球は太陽のエネルギーによって暖められ，他方，その赤外線を宇宙へ放散し，これによって地球の平均気温は15℃前後に保たれる．地球と宇宙の間にある大気に含まれる二酸化炭素（CO_2）やメタン，フロンなどのガスは，赤外線を吸収・放散し，その一部を地球に向けて放射する

15　American Society of Testing Materials，現在は「ASTM」が名称．

作用をし，温室効果ガスと呼ばれる．

　世界気象機関（WMO）の発表によれば，2022年の平均気温は，18世紀の産業革命前から約1.15℃上昇した．化石燃料の消費が増えて，大気中の二酸化炭素の濃度が高くなり，その温室効果が地球の温暖化の大きな要因とみられる．こうして地球の気温が上昇し続ければ，ついには人間が住めなくなる．

　地球温暖化対策の国際枠組みとして，1997年の京都議定書は，温室効果ガスの削減対象が先進国だけだった．2015年のパリ協定は，排出量で世界1，2位の中国，米国を含む国連気候変動枠組み条約の全参加国が合意した画期的な枠組みであり，長期目標として，地球平均気温の上昇を産業革命以前に比べて「2℃より十分低い（well below 2℃）」レベルに抑えること，さらには1.5℃までに抑える努力をすることを掲げ，今後の世界経済の脱炭素化に向けた転換の一里塚として歓迎された[16]．日本は，1998年に「地球温暖化対策の推進に関する法律」を制定し，推進の方針を定めている．

持続可能な開発

　持続可能性（sustainability）の概念は，1987年, 国連の「環境と開発に関する世界委員会[17]（ブルントラント委員会）」の報告 "Our Common Future"（邦題『地球の未来を守るために』）で提起され，「環境保全と開発の関係について，未来世代のニーズを損なうことなく，現在世代のニーズを満たすこと」とされた．

　この方向で，2015年，国連サミットで「持続可能な開発目標（SDGs）」が採択された．すなわち[18]，

> 先進国を含め，すべての国が行動する
> 人間の安全保障の理念を反映し「誰一人取り残さない」
> すべてのステークホルダーが役割を担う
> 社会・経済・環境に統合的に取り組む
> 定期的にフォローアップする

　これにより，2030年を年限とする17の国際目標を掲げた．

　01　貧困をなくそう
　02　飢餓をゼロに

16　朝山慎一郎・江守正多・増田耕一「気候論争における反省的アドボカシーに向けて―錯綜する科学と政策の境界―」社会技術研究論文集，Vol.14, pp.21–37（2017）.

17　WCED：World Commission on Environment and Development

18　外務省ホームページ "Japan SDGs Platform"
https://www.mofa.go.jp/mofaj/gaiko/oda/sdgs/index.html

03 すべての人に健康と福利を
04 質の高い教育をみんなに
05 ジェンダー平等を実現しよう
06 安全な水とトイレを世界中に
07 エネルギーをみんなに，そしてクリーンに
08 働きがいも経済成長も
09 産業と技術革新の基盤をつくろう
10 人や国の不平等をなくそう
11 住み続けられるまちづくりを
12 つくる責任，つかう責任
13 気候変動に具体的な対策を
14 海の豊かさを守ろう
15 陸の豊かさを守ろう
16 平和と公正をすべての人に
17 パートナーシップで目標を達成しよう

これら17の国際目標をふまえたうえで，日本の課題は何か，考える必要があると思われる．

［討論1］　SDGsの実現に向けて

SDGsの17の国際目標をめぐって，つぎのうち適切とはいえないのはどれか，討論しよう．

□ 目標に倫理は入っておらず，目標の実現に倫理はいらない．
□ 目標を支え実現するには，モラルの意識，倫理への信頼がある．
□ 目標にインテグリティはなく，レジリエンスとともに不要である．
□ 17個のどの目標にも，常にインテグリティが期待される．

4.4　公衆とは何か

技術者団体の倫理規程は，一般に，基本綱領の冒頭に，「公衆の安全，健康，および福利を最優先する」を掲げることが象徴するように，「公衆」の最優先は，技術者の倫理の特徴といえる．マイケル・デービスが1991年に，「公衆（public）」をつぎのように解釈し，その意義を明瞭にした[19]．

---

19 ハリスら，前出125頁．Devis, Michael: "Thinking Like an Engineer: The Place of a Code of Ethics in the Practice of a Profession". Philosophy and Public Affairs, 20, No.2 (Spring, 1991), pp.150-167.

　　技術業のサービス（＝技術者の業務）に，自由な，またはよく知らさ
　れたうえでの同意を与える立場にはなくて，その結果に影響される人々

　この「よく知らされたうえでの同意（informed consent）」は，カナ書きされ，
インフォームド・コンセントが日本語になっている．

　科学技術に関することは，しろうとや専門外の人にいくら説明しても，専
門の技術者ほどには理解できない．商品に代金を払い，税金を納める人々は，
よく知らされたうえで，自由意思で，購入し納税するのでなければならない
のに，高度な科学技術を利用する商品や公共事業は，そうはいかない．よく
わからないまま，欠陥のある商品や税金の不当支出による被害を受ける．そ
ういう立場にある人々を，公衆という．技術者も，専門外のことでは普通の
人であり，公衆である．

英語と日本語

　日本の文系の学問では，「自分が使う主な用語をはっきり定義した上で論旨
を述べるという習慣がない」といわれる[20]．理系では，用語を定め，明瞭に定義
する習慣がある．たとえば化学の分野では，硫酸，塩酸，硝酸，酢酸などの
語が決められ，知識の限りを尽くして定義され，討論をへて，化学に関係す
るすべての人がそれを尊重するようになる．ある液体の名前を，技術者 A は
塩酸と呼び技術者 B は硫酸と呼び技術者 C は硝酸と呼ぶなどという，ばらば
らの用語は決して許容されない．医学にしても，腎臓，肝臓，心臓は，文字
は 1 字違いだが，明確に識別される．それが理系の用語法である．

　日本では，「公衆」について関心が薄いのか，英語で public とあれば，訳語
は「公共」とされることが多い．「公」は元来，朝廷，幕府，政府など権力を
にぎる勢力であり，その利益が優先され，一般国民（公衆）の福利が犠牲にな
るのはやむをえないという発想になりがちである．「公衆の福利」が「公共の
福祉」とされたら，その"福祉"がいまでは弱者保護の面に使われ，意味が違っ
てしまう．これでは，技術者の倫理は，わからないままで終わろう．

　すでに，「モラル」と「道徳」の関係について述べた（前出 21 頁参照）．これ
らのことが，国際間に共通の倫理の理解を妨げている．

　20　鶴見俊輔『アメリカ哲学（上）』講談社学術文庫，77 頁（1976）．

4.5 まとめ

　技術者の行動の代表的な場面に，①科学技術の危害を抑止する，②公衆を災害から救う，③公衆の福利を推進する，の三つがあり，それぞれの事例に，モラルの意識を読みとることができる．モラルの意識は，西洋だけのものではない．公衆の安全・健康・福利を保護するのは，技術者の責務であり，「公衆」は技術者倫理の重要なキーワードだが，英語の public が "公共" とされるようなことが，国際共通の倫理を理解する妨げになっている．

有人宇宙飛行における今日のリスクは高く、安全の余裕は剃刀の刃ほどに薄いことは、かってないほどであることを考えると、自信過剰の余地はない。しかし、この事故に至るまでの出来事における、シャトルプログラムのマネジャーおよびエンジニアの態度と意思決定は、明らかに自信過剰であり、しばしばその性質が官僚的だった。

二〇〇三年〟コロンビア事故調査報告（ＣＡＩＢ報告）より
Columbia Accident Investigation Board, Vol.1, Part 2 , Chapter 5 "Why the Accident Occurred".

第5章　事故から安全文化の展開

　原子力は人間に危害を及ぼす危険なものだが，科学技術で危険なのは，原子力だけではない．人間は本性として，危険なものを識別し，安全を確保しようとする．西洋社会に，科学技術との関係で安全確保の流れがあるとみて，起きた事象を整理してみると（図5.1），この図のように安全文化は育ってきた．

5.1　事故から育った安全文化

　1986年からの一時期に起きた重大事故（図5.1参照）は，西洋社会を震撼さ<ruby>震撼<rt>しんかん</rt></ruby>せ，その衝撃で，精魂を傾けて安全確保に向かい，それが安全文化の展開につながった．

（1）　安全文化の展開

　1986年の1月にスペースシャトルのチャレンジャー事故，4月に原子力の

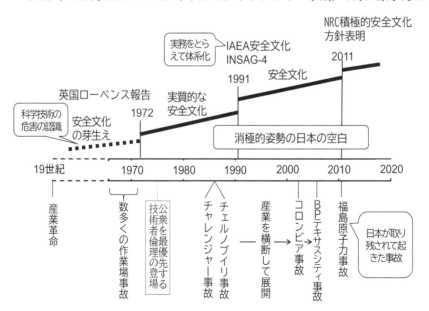

図5.1　西洋社会における科学技術の安全確保の流れ

チェルノブイリ事故，さらに17年後の2003年，再びスペースシャトルのコロンビア事故を加えた，三つの事故は，安全確保の実務に一時代を画することになった．

「安全文化」提唱と産業横断の展開

IAEA（国際原子力機関）は，チェルノブイリ事故のその年のうちに，安全文化の重要性を提唱し，急速に育ちつつあった安全確保の実務をとらえて体系的にまとめ，安全文化の定義とともに発表した．INSAG（国際原子力安全アドバイザーグループ）の手になる，1991年のINSAG-4[1]（図5.1上段参照）がそれだった．

こうして知られた安全文化は，2003年のコロンビア事故の事故調査報告，2005年に起きたBP（旧British Petroleum）テキサスシティ製油所事故の事故調査報告に，すでに知られたこととして登場する．原子力で唱えられた安全文化が，原子力を出て，スペースシャトルへ，精油業へと，西洋社会の情報の伝達は速く，産業を横断して展開した．

実質的な安全文化

安全文化の名が知られたのは1986年のチェルノブイリ事故だが，それまでに，安全文化の名はなくても，西洋の社会にそれ相当のものが育っていた．

20世紀に入り，英国において，工場，作業場などでの死亡事故は大幅に減ったが，1970年代までに，政府内外で，19世紀に制定された作業場の安全規制のアプローチは，停滞している，との懸念が高まった．毎年約1,000人が死亡，約50万人が負傷し，過少報告の問題があり，実際はこれよりはるかに多かった．政府は，年間約2,300万日，あるいは2億ポンドの損失と推定し，主要な競争相手の西ドイツと米国に後れをとり，英国の経済が苦戦しているとみた．英国石炭庁の議長を務めたローベンス卿が委員会に起用され，1972年のローベンス報告（図5.1上段参照）となる．彼は，それまでに，英国産業の包括的な見直しを提案し，「この国のマンパワーの広大な可能性，生来の英知（native genius），そして持ち前の進取性（natural initiative）」を活用することで，国の競争力を高めることを提案していた[2]．

安全文化の展開の始まりは，1972年のローベンス報告とみられる．まだ安全文化の語はなかったので，図では，「実質的な安全文化」としてある．

1　IAEA, Safety Culture, Safety Series No. 75-INSAG-4, IAEA, Vienna (1991).

2　Sirrs, Christopher : "Accidents and Apathy: The Construction of the 'Robens Philosophy' of Occupational Safety and Health Regulation in Britain, 1961–1974", Social History of Medicine, Vol.29, No.1, pp.66-88 (2016).

安全文化の芽生え

その観点から，さらに遡ると，産業革命（図 5.1 下段参照）は英国に発し，19 世紀，科学技術を産業に利用する工業化によって進行し，やがて，人間に及ぶ科学技術の危害が認識されるようになった．「安全文化の芽生え」は，産業革命の終期に見出されよう（図 5.1 上段参照）.

それからの安全文化

INSAG–4 の後も，INSAG–4 の内容のまま固定ではない．注目されるのは，前記三つの事故の最初の，チャレンジャー事故である．この事故が米国社会に与えた衝撃が，どれほど大きかったか．事故調査委員会だけなく，社会学，倫理学などの研究者たちの取組みが続き，安全確保の解明が進んだ.

その後も，産業とともに成長を続ける安全文化がある．2011 年，NRC（米国原子力規制委員会）の積極的安全文化方針表明（図 5.1 上段参照）は，一つの到達点を示すものといえよう.

(2)　消極的な姿勢の日本の空白

日本では，1986 年に始まる西洋で起きた事故の原因究明に対する消極的姿勢が，2011 年の福島原子力事故までの，約 25 年間，安全確保における空白を生み，安全文化の展開から取り残されることになった.

この空白は，単なる技術の後れではないことに，注意願いたい．日本には，安全文化について，"醸成" という象徴的な用語がある．このような場合に，欧米の英語には見当たらない表現である．醸成とは，ある組織の人々の間に特定の雰囲気や考え方を形づくることをいうのだろうが，"安全文化の醸成" とか，"安全・安心" とか，唱えるだけでは，安全確保は実現しないものだ.

5.2　重大事故と原因究明

1986 年に始まる一時期の展開を，その理解には五つの関門があるとみて，時系列でたどると，安全確保に必要なことの連鎖が，一つずつ明らかになり，西洋の社会に育った安全文化の，イメージが浮かぶようになろう.

（関門 1）チャレンジャー打上げの意思決定

NASA（米国航空宇宙局）の宇宙開発事業は，人類初の月面着陸の成果をあげ，

続くスペースシャトル事業は，コロンビア，チャレンジャー，ディスカバリー，アトランティス，エンデバーの5機が，1981年4月初打上げ以降，エンデバーの2011年7月の最終着陸まで，計135回のミッションを成し遂げた．

　その間に，チャレンジャーは1983年以来，9回の飛行に成功し，安全性は十分に確認されたとされ，1986年1月28日のこの回，一般市民から初めて選ばれた高校教師，クリスタ・マコーリフが搭乗し，全米の子どもたちが宇宙からの彼女の授業に興奮したはずだった．打上げ73秒後の爆発は，宇宙飛行士と彼女の命を奪い，NASAの声価を劇的に落とした．

（1）　チャレンジャー打上げ前夜

　ハリスら[3]による，チャレンジャー打上げ前夜の状況である（要旨）．

　　1986年1月27日の夜，NASAのスペースセンターは，翌朝の打上げに向けて秒読みを始めていた．しかしながら，スペースセンターとの電話会議で，モートン・サイオコール社の技術者，ロジャー・ボイジョリーの上司，技術担当副社長ロバート・ルンドは，打上げに反対する技術者たちの勧告を伝えたのである．この勧告は，Oリングの低温でのシール性能についての技術者たちの懸念にもとづいていた．

　　Oリングはブースター・ロケットの接合部のシール機構の部品である．もしその弾性があまり失われると，シールがうまくいかなくなる．結果は，高熱ガスの漏洩であり，貯蔵タンク内の燃料への点火であり，そして，破滅的な爆発である．

　　技術的な証拠は不完全だが，不吉な前兆を示している．すなわち，温度と弾性の間に相関関係がある．比較的高い温度でもシール周辺でいくらかの漏れはあるが，過去最悪の漏れは53℉（11.7℃）で起きていた．打上げ時の予想大気温度の26℉（マイナス3.3℃）では，Oリングの温度は29℉（マイナス1.7℃）と推定された．これは，以前のどの飛行の打上げ時の温度よりもずっと低い．

　　電話会議は一時的に中止されたまま，NASAは，サイオコール社の打上げ中止勧告に疑問を呈し，しかし，サイオコール社の承認なしには飛行を決定したくないし，サイオコール社の経営者は，技術者たちの同意のない打上げの勧告は出したくない．

　　サイオコール社の上級副社長ジェラルド・メーソンは，NASAが飛行を計画どおり成功させたがっているのを知っていた．また，サイオコー

　3　ハリス，プリッチャード＆ラビンズ著，日本技術士会訳編『科学技術者の倫理－その考え方と事例（初版）』丸善,1頁（1998）.

ル社がNASAとの新しい契約を必要とし，打上げに反対する勧告がその契約獲得の見込みを大きくするはずのないことも知っていた．結局，メーソンは，その技術データが決定的なものではないことに気づいた．技術者たちは，飛行が安全でなくなる正確な温度についての確かな数値を提出できないでいた．彼らの拠りどころは，温度と弾性の間に明らかに相関関係があること，Oリングの安全性といった重大な争点には保守的になる傾向である．

ジェラルド・メーソンがロバート・ルンドに言うには，「君は，技術者の帽子を脱いで，経営者の帽子をかぶりたまえ」．先刻の打上げ中止の勧告は，逆転されたのである．

ボイジョリーは，この技術者の勧告の逆転に，激しく動転した．死と破壊を引き起こすようなことの一員でありたくなかった．ロジャー・ボイジョリーは，気遣う市民というだけではすまない．彼は，技術者であった．Oリングが信頼するに足りないことは，専門職としての技術業の判断であった．いまや，その専門職の判断は踏みにじられつつあった．サイオコール社の経営陣に，最後の異議申立てを試みたが，無視された．

翌日チャレンジャーは，発射後73秒で爆発し，6人の宇宙飛行士と高校教師クリスタ・マコーリフの命を奪った．痛ましい人命の損失に加えて，この惨事は巨額のドルの装置を破壊し，そしてまた，NASAの声価を劇的に落とした．ボイジョリーは惨事を防ぐことには失敗したが，自分の専門職の責任は，自分が理解していたように，実行していた．

ここに，安全文化へとつながる主要な論点がある．

(2) ロジャース報告がとらえた原因

事故の3日後，レーガン大統領が設置した大統領委員会（ロジャース委員会，委員長ウィリアム・P.ロジャース＝元国務長官）の結論は，つぎのとおりである（仮に，要因1と要因2と名づけて示す）．

要因1

事故は，右側の固体ロケットモーターの高温ガスが接合部から漏れるのを防ぐシールの破損によって起きた．集められた証拠は，他の要素はこのミッションの失敗と無関係だったことを示している．

要因2

打上げの意思決定をしたNASA幹部は，接合部をシールするOリングに関して，53 °F未満の温度での打上げに反対する請負業者（サイオコール社）の当

初の書面による勧告，および，同社経営陣がその立場を逆転させた後のエンジニアたちの継続的な反対を，知らなかった．すべての事実を知っていれば，この日の打上げを決定した可能性はほとんどなかった．

(3)　行政学からの批判と新たな見方

ロジャース報告の約1年後，行政学のロムゼックらは，ロジャース報告は視野が狭いと批判し，「説明責任」に着眼して，新たな見方を示した[4]．

パーソンズの組織管理モデル

「組織理論の学生にはよく知られている」社会学のパーソンズとトンプソンによれば，組織の責任と管理には，技術，マネジメント，および制度の三つのレベルがある．本書ではこれを図に表し（図5.2），「パーソンズ組織管理モデル」と呼ぶ．

図 5.2　パーソンズ組織管理モデル（Parsons の原理を筆者らが図にした）

このモデルに照らせば，ロジャース報告は，技術レベル（要因1）とマネジメントレベル（要因2）のみで，制度レベルを見落としている，とのロムゼックらの批判である．

このモデルは，技術，マネジメント，制度のいずれにも，失敗するリスクがあり，技術とマネジメントの備えを十分にしても，制度への配慮をおろそかにしたら，事故は起きることを示唆する。この簡単なモデルが，安全文化の解明に，"目の覚めるような" 働きをすることが，あとでわかる（第6章）．

公的機関の説明責任

公的機関（public agency）は，公的な場で活動する機関をいい，NASAだけでなく，サイオコール社もそうである．公的機関は，自らを取り巻く制度的な力，つまり，自らが属する「より広い社会的なシステム」の制約がある．NASAの場合，制度的な制約に三つのタイプがある．

　① 政治制度として，NASAより上位にあるホワイトハウスや議会との関係

　② 社会制度として，公衆の意見（世論）を背景とするマスメディアとの関係

　③ NASAは打上げ契約の発注者，サイオコール社は請負者の関係にあり，

4　Romzek, Barbara S. and Dubnick, Melvin J. : "Accountability in the Public Sector: Lessons from the Challenger Tragedy", Public Administration Review, Vol. 47, No. 3, pp. 227-238 (1987).

契約は（民事上の）制度である.

　ホワイトハウスや議会, あるいは, マスメディアには, NASAへの期待があり, NASAには, 期待を適切に処理する責任という意味の, 説明責任がある.

専門技術への尊敬から官僚制へ

　月面着陸のアポロ計画の1960年代初頭, NASAを特徴づけたのは, 専門職の説明責任システムであり, 内部に, 専門技術への尊敬があった. ところが, その後, 政治的・官僚制の説明責任の追求が, NASAの長所であった専門職としての説明責任の基準とメカニズムを, 狂わせた.

　スケジュールどおり打ち上げるよう, ホワイトハウス, 議会などからの期待が, 圧力となり, 加えて, マスメディアがスペースシャトルの遅延を多く大々的に報道したことが, 圧力となった.

　NASAの監督的地位にある人々や下位レベルのマネジャーたちが, スペースシャトルは「通常の」輸送システムとして運用可能な輸送手段であることを証明せよとの圧力と感じた時, NASAの組織の文化は変化した. この事故は, 期待に対応して説明責任を果たそうとするNASAの努力の結果だった.

（関門2）チェルノブイリ事故──安全文化

　チャレンジャー事故から3か月後の1986年4月26日, 旧ソ連ウクライナのチェルノブイリ原子力発電所で, 原子炉と原子炉建屋の破壊により, 大量の放射性物質が放出された. 運転員と消防隊員が大量の放射線を浴びて31名が死亡し, 多くの子どもたちが甲状腺がんを発症するなど健康被害が広がった.

　IAEAは, 1991年の報告 INSAG–4 において, 安全文化を定義し, 「満足な原子力安全体制に役立つ一般的な要素」として, 優良実務（good practices）の体系を提示した.

（1）　ソ連のレガソフの悲劇

　チェルノブイリ事故が起き, 1991年に INSAG–4 が出るまでの間に, J. リーズンが「一つの悲しい出来事」と記す悲劇があった[5].

　ソ連アカデミー会員のヴァレリー・レガソフは, この事故の主席調査官であった. 1986年9月にウィーンで開かれたこの事故に関する IAEA 国際会議

5　ジェームズ・リーズン著, 塩見弘監訳（高野研一・佐相邦英訳）『組織事故』日科技連, 19頁（1999, 原書は1997）. 参考文献として, Legasov tapes (a transcript prepared by the U S Department of Energy in 1988) を示し, オリジナルは レガソフの死後, 『プラウダ』誌に掲載されたとある.

にソ連代表として出席したレガソフは，事故の原因は運転員のエラーと規則違反であるといい切った．しかし，事故から2年後の1988年4月，彼はテープレコーダーに心の内を録音して自殺した．

> チェルノブイリの事故について，私は明確な結論を下した．それは，何年もの間続いてきたわが国の経済政策の貧困がこの事故を引き起こした，ということである．

事故原因についてIAEAとソ連の間に対立があったが，レガソフの死の証言が終止符を打った．経済政策の貧困から，不合理な設計の原子炉を使い続けた「文化」ということだろう．

(2)　INSAG–4「安全文化」

INSAG–4は，安全文化の定義と，安全確保の実務の体系的とからなる．

定　義

安全文化を，つぎのとおり，定義する．

> 安全文化とは，組織および個人の，性格と姿勢の集合が，原子力プラントの安全問題が，最高の優先度をもって，その重要性にふさわしい注目を受けるようにするものである．

個人に，性格があり，姿勢がある．性格と姿勢が，その人の行動に影響を及ぼすことになる．個人たちのそれらが，組織で統合されて，組織の性格になり姿勢になる．その組織と個人の全体が，この文中の「組織と個人の性格と姿勢の集合」とみてよい．

この定義は，「原子力プラント」を「科学技術」と読み替えても，そのまま通用する普遍性がある．

本　文

安全文化の実務を，体系的に提示している．主な目次はつぎのとおりで，要約と付記を除く本文は，全94段落からなる．

　INSAG–4 の手法の特徴は,「個人の姿勢, 思考習慣, 組織のあり方, などは, 総じて目に見えないこと, それでもその性質は, 目に見える表れになること, そして目に見える表れを利用して, その底に何があるかを調べる手段の開発」にある.「目に見える表れ」をとらえて,「その底に何があるかを調べる」.

社会科学では

　理論家の J. リーズンは, 安全文化の考えは, INSAG によって「正式に認知された」と認める[6]. そのうえで,「その正確な意味, あるいはどのように測るかについては, いまだに合意が得られていない」,「社会科学の文献では, 非常に多くの定義が与えられている」とする[7].

　つまり, 社会科学では「非常に多くの定義」があることから, その意味などに,「いまだに合意が得られていない」, となったようだ. 日本でも, 2013 年の時点で,「安全文化に関しては, まだ明確に概念が定義されているとは言い難いのが現状」とされている[8]. 理論家たちの一致した見方といえよう. リーズンをはじめ, 理論家たちは, INSAG–4 の内容に立ち入って分析し, 追究することは, していないと思われる（そこで, 筆者らは取り組むことにした. 第6章).

（関門3）チャレンジャー事故のさらなる解明

　前記ロムゼックらの後も, チャレンジャー事故への関心は続く. 以下のとおり, 事故から9年後, 1995 年出版のハリスらの技術者倫理のテキストや,

　6　リーズン, 前出『組織事故』275 頁.
　7　ジェームズ・リーズン＆アラン・ホッブス著, 高野研一監訳（佐相邦英・弘津祐子・上野彰訳）『保守事故』日科技連, 203 頁（2005, 原書は 2003).
　8　北野大・向殿政男（代表）『日本の安全文化―安心できる安全を目指して』研成社, 16 頁（2013).

1996年の社会学のヴォーガン「逸脱の正常化」の研究がある.

(1) ハリスら——経営者と技術者の関係

前記描写の3人の間に，技術者と経営者の対立が見える.

① 技術者ボイジョリー

Oリングの専門家としての判断では，低温でOリングの弾性が失われるとシールがうまくいかなくなり，高熱ガスが漏れて燃料タンク内の燃料へ点火し破滅的な爆発となる．翌朝の予想気温は，過去に最悪の漏れが起きたときより，ずっと低い．しかし，経営陣は打上げ中止を覆した．ボイジョリーは，技術者として自分の最良の技術的判断をし，宇宙飛行士を含む公衆の安全を守る責務から，最初の打上げ中止勧告に戻るよう，気も狂わんばかりに経営陣の説得に努めたが，無視された.

② 技術担当副社長ルンド

ボイジョリーら技術者の意見を入れて，NASAに対し打上げ中止を勧告した．しかし，上級副社長メーソンに，「技術者の帽子を脱いで，経営者の帽子をかぶりたまえ」といわれ，打上げ賛成に転じた.

③ 上級副社長メーソン

サイオコール社はNASAとの新しい契約を必要とし，打上げに反対する勧告がその契約獲得の見込みを大きくするはずはない．結局，メーソンは，技術データが決定的なものではないこと，および，打上げ反対は技術者の全員一致ではないことに気づき，経営者の判断をして，打上げの決断をした.

経営者と技術者の目標の相反

この3人は，階層組織（図3.1参照）の上下関係にある．経営者は会社の利益を目標とし，技術者は公衆の安全を守ることを最優先の目標としていて，両者の目標の相反によるものである．意思決定の権限は，経営者メーソンにあり，結局，メーソンが経営者としての判断をして，その結果，事故は起きた.

注目願いたいのは，3人各自それぞれの立場で自ら信じるところを主張していて，自ら責任を負う姿勢の"個人"であることである．西洋における，いわゆる個の確立とは，こういうことなのだろう.

チャレンジャー事故が提起したこの問題は，このあと2011年，米国NRC

の安全文化方針表明が，解決策を与えている．

(2) ヴォーガン「逸脱の正常化」

ヴォーガンは1996年の著作[9]の当時，ボストンカレッジで社会学の准教授で，それまでに受け入れられていた原因とは違って，逸脱の正常化（normalization of deviation）を取り上げた．

> ブースターに関する意思決定の履歴を調べたところ，お粗末な判断へと，なし崩し的に下降している．その代表的なパターンは，1986 年に先立ち，マネジャーおよびエンジニアが，潜在的な危険の信号（ブースター接合部が予測どおりに動作していないという情報）を，正常とみなすことを繰り返していた．NASA におけるブースターの，技術的逸脱の正常化は，社会的な力と環境の偶然性によって形づくられたもので，組織の構造や文化に影響を与えて変化させ，意思決定者の世界観に，技術情報の解釈にまで，日常的に影響を及ぼすものである．

ヴォーガンは，思い込みによる技術的逸脱の正常化が，「希少で競争がない環境，前例のない不確実なテクノロジー，なし崩し主義」などによって助長された，とみている．

（関門 4） コロンビア事故および以降

チェルノブイリ事故を機に提唱された安全文化が，広く産業に広がる．2003 年のコロンビア事故，そして，2005 年の BP（旧 British Petroleum）テキサスシティ製油所事故に注目する．

(1) コロンビア事故

チャレンジャーとチェルノブイリの事故から 17 年後の 2003 年，ライト兄弟が最初に空を飛んだ日から百年の祝賀の一つとして，スペースシャトル，コロンビアのミッションが計画された．同年 1 月 16 日に打ち上げられ，2 月 1 日に地球へ帰還の際，乗員 7 名全員の生命を失う事故となった．NASA のスペースシャトルが，17 年を隔てて 2 回の事故を起こした．米国の社会におけるその衝撃の大きさを，思い浮かべるとよい．

---

9 Vaughan, Diane: "The Challenger Launch Decision: Risky Technology, culture, and Deviance at NASA", Univ. of Chicago Press (1996).

事故原因

NASA オキープ長官が，2003 年 2 月 1 日の事故の翌日，コロンビア事故調査委員会（CAIB）を組織した．以下，同年 8 月 26 日に提出した事故調査報告（CAIB 報告）[10] による．

技術上の原因

外部燃料タンクを機体に取り付ける左側取付脚の湾曲部からはがれた断熱材の一片が，打上げ 81.9 秒後に，翼を直撃して断熱材に亀裂が生じた．再突入の間に，その亀裂から，高熱空気が断熱層を通り抜け，左翼のアルミニウム構造を溶融し，その結果，機体の破壊をもたらすに至った．

組織上，文化上の原因

有人宇宙飛行におけるリスクは高く，安全の余裕は剃刀の刃ほどに薄いことを考えると，自信過剰の余地はない．しかし，この事故に至るまでの出来事における，シャトルプログラムのマネジャーおよびエンジニアの態度と意思決定は，明らかに自信過剰であり，しばしばその性質は官僚的だった．彼らが尊敬したのは，安全の基本ではなく，階層化された面倒な規制だった．

なぜ NASA は，チャレンジャー打上げの何年も前に，O リングの低温での弾性問題が知られていたのに，飛び続けたか．なぜ，コロンビア打上げ前に何年間も，断熱材の破片問題が知られていたのに，飛び続けたか．両方とも，リスクアセスメントを行った技術者およびマネジャーは，見つかった技術的な逸脱（deviation）を，正常な状態とみなし続け，そのことが NASA 全体のリスクの感覚を失わせた．

「技術的な逸脱」は，前記ヴォーガンの見方と一致する．さらに，つぎのとおり記している．

組織の障壁が，確実な安全情報の有効な伝達を妨げ，専門職の意見の相違が出ないようにしていた．計画の要素の横断的な統合管理の欠如，そして非公式の一連の指揮と意思決定プロセスが発生し，組織体のルールの外側で働いていた．シャトル計画の安全文化は，以前の強健なシステム安全計画の痕跡さえ残していない．

安全文化の普及

CAIB 報告までに，すでに「安全文化」は普及していた．NASA との比較

10　Report of Columbia Accident Investigation Board (Aug. 26, 2003).

のために，「事故のない行動を目指して努力し，おおむねそれを達成している独立の安全プログラムの具体例」として，米国海軍潜水艦浸水予防・回復プログラム（SUBSAFE），米国原子力推進（海軍原子炉）プログラム，および米国空軍の宇宙打上げをサポートするエアロスペース社の打上げ証明プロセス，の三つを取り上げ，米国の海軍・空軍関係の安全確保を必須とする組織において，当時，安全文化が定着して運用されていたことを示している．

(2) BP テキサスシティ製油所事故

2005 年 3 月 23 日，BP テキサスシティ製油所の，オクタン価を高める異性化ユニットの始動中に，過充填により圧力逃がし装置が開き，可燃性液体が噴出し，爆発と火災は，死者 15 人，負傷者 170 人以上，近年の米国の歴史のなかで最も深刻な産業災害の一つとなった．

事故調査の方針

産業化学事故調査の連邦機関 CSB（Chemical Safety and Hazard Investigation Board）は，この事故による災害の重大性を認識し，予備調査をして 8 月 17 日，BP に対し，問題点を示して調査するよう緊急勧告した．2007 年 1 月にその報告（ベーカー報告）[11] を受けて，同年 3 月，最終調査報告[12] を提出した．以下，その要旨である．

CSB は，前記コロンビア事故調査委員会（CAIB）の方法を踏襲し，多くの事故調査は，事故原因を，技術的な欠陥と個人の失敗とに限定し，それで，根底にある問題が解決されたかのように思い込んで，重要な文化的，人的および組織的な原因を見逃すことになる，とみている．

BP は米国で小さな事故を繰り返し，そのうえこの事故が重大であることから，CSB は，テキサスシティの BP だけでなく，英国ロンドンの BP グループの経営陣が果たした役割に注目した．

事故原因

BP は近年，作業者安全（日本では「労働安全」という）を重視し，大幅に向上しているが，プロセス安全を重視していない．BP の技術とプロセス安全のスタッフの多くは，高度なプロセス安全の取組みをサポートする能力と専門知識があるが，米国の 5 か所の製油所に広がっていない．

事故の根本原因（root causes）は，BP グループ取締役会が，会社の安全文

11　The Report of the BP U.S. Refineries Independent Safety Review Panel (Jan. 2007).

12　CSB Investigation Report, Refinery Explosion and Fire (Mar. 2007).

化および大事故予防プログラムの，有効な監督をしなかったこと，寄与原因（contributing causes）は，テキサスシティのマネジャーが，機器やプロセス設備のメンテナンスに機械的完全性（mechanical integrity，後出）を欠いたことにある．

米国労働安全衛生庁（OSHA）は，事故前の年に，この製油所での死亡に対応する検査をして，警戒兆候があったのに，破局的な事象の可能性を特定せず，プロセス安全規制を強行する計画的検査を優先することもしなかった．

安全文化と完全性指向（インテグリティ）

この事故では，寄与原因として，機械的完全性（mechanical integrity）を欠いたことにあるとされ，機械的完全性が，つぎのとおり説明されている．

> 機械的完全性プログラム（mechanical integrity program）の目標は，製油所のすべての計装，設備，およびシステムが，意図したとおりに機能することを確実にして，危険物の放出を防ぎ，設備の信頼性を確実にすることにある．効果的な機械的完全性プログラムには，計画的な検査，テスト，および，予防的・予測的保全（preventive and predictive maintenance）が組み込まれていて，この保全は，故障保全（breakdown maintenance 壊れたら修理）とは対照的なものである．

インテグリティが，この時点には，産業のマネジメントの実務に取り入れられていた．ちなみに，日本でよく知られたレジリエンスの語が，最初，スウェーデンの小さな町で提唱されたのが 2004 年とされている[13]．この時期に，行動を支える理念として，インテグリティやレジリエンスが注目されるようになったようだ．

（関門5）NRC 積極的安全文化の方針表明

福島原子力事故の直前の時期，米国の NRC（原子力規制委員会）が「積極的安全文化（positive safety culture）」の方針表明（policy statement）を，2009 年の草案[14]，2010 年の修正草案，2011 年の最終版[15]，の順に公告した．その内容は，1991 年の INSAG-4 に発した安全文化が，約 20 年間にここまで発展したことを示している．その位置づけを見ていただきたい（図 5.1 参照）．

13　北村正晴「レジリエンスエンジニアリングが目指す安全 Safety-II とその実現法」IEICE Fundamental Review, Vol.8, No.2 pp.84-95 (2014).

14　NRC, Draft Safety Culture Policy Statement: Request for Public Comments, Federal Register: November 6, 2009 (Vol. 74, No. 214).

15　NRC, Final Safety Culture Policy Statement, Federal Register: June 14, 2011 (Vol. 76, No. 114).

「方針表明」の性格

　NRC は，2001 年の同時多発テロを経験し，IAEA 安全文化の定義をふまえ，まず，定義に「セキュリティ」を入れることを検討した．結局，「セキュリティ」の語を明示はしないが，安全とセキュリティの両方を対象とすることとした．

　「積極的安全文化」方針表明は，行政機関 NRC が連邦公報に公告するが，規制・規則ではなく，拘束し強行するものではなくて，NRC の期待の表明であり，NRC スタッフの活動の指針である．

　NRC は，この方針表明を，草案段階から連邦公報に公告し，パブリック・コメント手続きに始まり，さまざまな機会を通じて周知して論議し，再度のパブリック・コメントの手続きを経由し，最終版を連邦公報に公告している．原子力規制は，単に規制者と被規制者のみのものではなく，国民一般に受け入れられるようにする努力であろう．

経営者と技術者の相反の解決

　相反問題の解決についての NRC の考え方は，すでに紹介した（図3.3 参照）．

　NRC は，2011 年最終版に，「安全を強調して考え，感じ，行動するパターン」として，「積極的安全文化の特性（traits）」の 9 項目（表 5.1）を示した．

表 5.1　積極的安全文化の特性（NRC）

---

(1)　安全の価値観と活動のリーダーシップ──リーダーは安全へのコミットメントを，自らの意思決定と行動で明確に示す．

(2)　問題点の識別と解決──安全に影響する可能性のある問題点を直ちに識別し，十分に評価し，その重大性にふさわしい取組みをし，是正する．

(3)　個人的な説明責任──すべての個人は，安全について個人として責任を持つ．

(4)　作業プロセス──作業活動を計画し管理する活動は，安全が維持されるように実行する．

(5)　継続的学習──安全を確実なものにする方法について学習する機会を，求めて実行する．

(6)　懸念を提起する環境──安全を意識する作業環境を維持し，要員が安全の懸念を，報復，脅し，嫌がらせ，または差別，の怖れなしに，自由に提起できると感じる．

(7)　効果的な安全のコミュニケーション──コミュニケーションは，安全に焦点を合わせ続ける．

(8)　尊敬し合う作業環境──組織のどこにも信頼と尊敬がある．

(9)　問いかける姿勢──個人は，独りよがりを避け，そして，既存の条件および活動に絶えず挑戦することにより，誤りまたは不適切な活動となるかもしれない不具合を識別する．

　第1項にあるカナ書きの「コミットメント」は,「約束」の語が当てられることもあるが,"誓約して実行する"といった意味である.

　相反の解決については,まず「すべての個人は,安全について個人として責任を持つ」とし(第3項),そのうえで,「要員が安全の懸念を,報復,脅し,嫌がらせ,または差別,の怖れなしに,自由に提起できると感じる」(第6項),という解決策になっている.個人を重視し尊重する西洋社会が育ててきた安全文化の,到達点を示すものといえよう.

　　討論1

チャレンジャー事故の原因究明

　チャレンジャー事故では大統領委員会(ロジャース[元国務長官]委員長)による事故調査報告に対し,行政学のロムゼックや社会学のヴォーガンという若手の研究者による批判と研究のほか,倫理学者の取組みがあるなどして,事故原因の究明が徹底した.つぎのうち,適切でないのは,いずれか,討論しよう.

□ 政府機関による権威ある事故調査報告を批判するようなことは,国民として,するべきことではない.
□ 政府機関による事故調査報告に対する,正当な根拠にもとづく批判と対案は,国民の利益になることだ.
□ 社会学,政治学,倫理学などの研究者は,専門技術に不案内なので,技術がかかわる事故に口出しすべきではない.
□ 事故には,技術のみでなく,技術以外の要素がかかわることが多く,社会学その他の理論が必要だ.

5.3　まとめ

　西洋で1986年からの一時期に起きた重大事故への,社会をあげての関心が,福島原子力の時期までの約25年間,安全文化の西洋の社会での展開につながった.安全文化は1986年,IAEAの提唱で知られたのだが,源流は18世紀,産業革命がもたらした科学技術の危害に発し,IAEA提唱があって,あらゆる産業に広がり,なお将来に向けて発展が期待される.日本は,約25年間の展開にほとんど無関心で,取り残されたかのように福島原子力事故は起きた.

科学・技術が社会のなかで占める地位は日々大きくなっている。（中略）

　今や科学者、技術者も、意図するしないに関わらず、その活動が直接間接に社会全体に対して正負に互って深刻な影響を与える可能性を持つ時代である。事態は変わってきているのだ。

村上陽一郎評『科学技術者の倫理　その考え方と事例』（抜粋）
毎日新聞、一九九九年（平成十一年）三月七日一〇面。

第6章 安全確保の行動の枠組み——安全文化

前章で，1986年に始まる重大事故への対応から，安全文化がどのように発展し普及したかを見た．本章の前半では，安全文化とは何かを明らかにする．そうすると，日本育ちの"安全文化"の問題点が浮かび，対策の方向が見えてくる．後半では，安全文化に則した行動を誤らせる阻害要因を見たうえで，事例研究として，安全文化の観点から，福島原子力事故の構造を検討する．

まず，安全文化とはどのようなものか．共通の理解のために，一目でわかるように図にする（図6.1）．

6.1 安全文化の枠組み

技術者が安全確保に従事するとき，安全確保に向けての行動がある．その安全確保の行動（または活動）の枠組みを与えるのが，安全文化である（第1章参照）．

事業や業務は，組織でなされ，組織は人（個人）からなる．人が行動するには，個人の動機（前出17頁参照）があり，行動を支える理念（同18頁参照）があることは，すでに示した．

この二つが，図6.1の下の2段であり，これらがあって，その上の段の「安全文化の活動」となり，そして最上段の安全確保などの成果となる．

その「安全文化の活動」（安全文化モデル）が，安全文化の中心であり，どのようなもか解明するのが，本章の前半の目的である．

まず，復習の意味で，下2段がどのようなものか，簡単にたどることから入る．

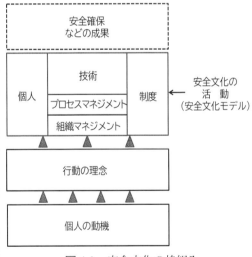

図6.1 安全文化の枠組み

個人の動機

人が行動しようとするとき，①未知への警戒，②活性化されたモラルの意識，③法令にもとづく職務上の責務の認識，④専門的な知識・経験・能力，がある．組織内の個々人にこれらが備わることが，一番の基礎となる．

ここで，特に「未知への警戒」や，「活性化されたモラルの意識」は，阻害要因によって揺らぎやすい（6.4節参照）．それらが揺らげば，安全確保の基盤が崩れることになる．

行動の理念

安全確保の現場には，常に未知や不確定要素がありうる．法やマニュアルに決められたことは大切だが，それのみでは安全確保に十分ではない．マニュアルなどの手順を超えて行動させる理念として，①社会に伝承されることの尊重，②完全性への指向（インテグリティとレジリエンス），③他律よりも自律が基本，がある．

安全文化の活動

企業，事業所，職場などには，経験的に積み重ねられ洗練され伝承された手法があり，それに忠実に従って活動し，通常，十分に安全が確保されている．

図6.1では，「安全文化の活動」が，技術・プロセスマネジメント・組織マネジメント・個人・制度の5要素に分かれている．このあと社会学の理論を応用して導かれることである（6.2節）．そのような理論を知らなくても，通常，現場の経験的な手法で足りている．ところが，ときに，経験的な手法を守っていたでは，安全が破綻し，事故が起きることがある．技術者は，安全文化の理論を知っておくのがよい．次節（6.2節）以下は，そのつもりで読んでいただきたい．

6.2　安全文化モデル

安全文化の原理を求めるには，IAEA の文書 INSAG–4「安全文化」[1]に，安全文化の実務の体系が収められているので，これを対象にすればよい．筆者らはこの文書を分析して，全体の構成をつかんでいた[2]，

そこで出会ったのがパーソンズ組織管理モデル（図5.2参照）である．チャ

---

[1]　IAEA, Safety Culture, Safety Series No. 75-INSAG-4, IAEA, Vienna (1991).

[2]　杉本泰治・福田隆文・森山 哲『『科学技術の倫理の今日的課題』－第4講　科学技術にかかわる安全確保の構図」安全工学，59巻1号，39–47頁（2020）.

レンジャー事故の分析に，ロムゼックらは，このモデルを適用した（前出 68 頁参照）．このモデルは 3 要素からなるが，拡張して 5 要素からなる形にすると（図 6.1 参照），よく適合する．つまり，パーソンズ組織管理モデルの「マネジメント」を，「プロセスマネジメント」と「組織マネジメント」とに分け，「個人」を加えた形である．安全文化の活動の，組織管理の要素を示すものであり，この図を「安全文化モデル」と呼ぶことにする．

　図のとおり，「技術（technic）」があり，それを運用する「プロセスマネジメント（process management）」，その運用を担う「個人（individual）と「組織マネジメント（organizational management）」があって，そこへ「制度（institution）」がかかわる．この 5 要素それぞれを適切に管理し，全体を統合することにより，安全は確保される．

　この安全文化モデルは，安全文化の有効なツールとなる．身近なところで，使ってみよう．

日本育ちの "安全文化"

　日本では，品質管理が発達し，日本で育った TQC（全体的品質管理）の "品質文化" があり，それを応用した日本育ちの "安全文化" があった．どのよう

（上）　安全文化モデル（IAEA の安全文化）

（下）　日本育ちの "安全文化"

図 6.2　安全文化比較

な体系のものかよくわかっていないが，知られていることを安全文化モデルの 5 要素（図 6.2 上）に当てはめてみる．この図で，日本育ちの "安全文化" の問題点が見てとれよう．

　安全確保はしばしば，「技術」だけでは解決できない．社会学の理論は，この図のとおり，「技術」のほかに 4 要素がかかわり，それぞれに目を向けるべきことを，教えるのである．

安全文化の構成要素

　安全文化の 5 要素について，一般的な説明に続き，日本育ちの "安全文化" の事情を示す．

① 技　術

　安全文化モデルは，スペースシャトル，原子力発電施設などのほか，どのような技術にも当てはまる普遍性がある．実務では，「技術」とつぎの「プロセスマネジメント」を合わせて「技術」として扱われることがある．技術者の専門事項である．

　《日本》　日本には，高い品質の製品の生産を支えた技術があった．

② プロセスマネジメント

　技術を事業や業務の目的のために運用する一連のプロセス（工程，課程など）があり，そのマネジメントである．INSAG–4 は，品質保証手段を利用している．リスクアセスメントないしリスクマネジメントや，品質マネジメントシステム（QMS）として国際標準の ISO 9001 がここに入る．

　《日本》　日本で育った TQM を中心とするプロセスマネジメントがあった．

③ 組織マネジメント

　技術の運用は組織で行われ，組織は，個人で構成されている．個人の働きを統合し，業務や職務を成立させるのが「組織マネジメント」である．

　《日本》　現場における QC サークル活動から，経営トップに及ぶ，全社的な組織マネジメントが育っていた．

　以上①〜③では，日本育ちの "安全文化" は，内容に違いはあっても，成果において，IAEA のそれに勝るとも劣らないものだっただろう．問題は，以下の 2 要素にある．

④ 個　人

　生物としての人であり，働く個人である．組織に属して働く人には，個人そのものの立場と，組織の一員としての立場という，二重の立場がある．

《日本》 日本人は総じて，組織内の，正直で勤勉な "善い人" である．そういう日本人が，QC サークルなどの組織活動を通じて貢献したであろう．しかし，IAEA 安全文化の「自ら重い責任を負う」個人と比べると，その違いは，ときに大きな違いを生むことになる．

業務には常に未知があり，上司の指揮・命令に従うのみの他律よりも，行動する人自身の自主的，自律のほうが，より徹底する．そうなるには，個人が自ら重い責任を負う，個の確立が必要とされる．

⑤ 制度（規制行政）

社会において事業や業務が存立するには，社会制度，政治・行政制度，経済制度，契約制度，などの制度がかかわる．

チャレンジャー事故の場合，NASA には，ホワイトハウスや議会との関係（政治制度），国民を背景とするマスメディアとの関係（社会制度），および，請負業者との関係（契約制度），があった（前出 68 頁参照）．INSAG–4 には，規制行政の重要な役割が示されている．

《日本》 TQM が育った当時，規制者（官）と被規制者（民）の関係は，政府が産業を保護し振興を図った時代である．関係情報においても，専門技術においても，官が上で，民を指導する立場だった．学問の空白もあり，安全確保のための規制行政のあり方への，正当な関心を欠いた．規制行政は，国民生活や産業の安全確保の，方向や道すじを決め，その影響は大きい，日本の安全文化の，最大の課題といえよう（なお第 10 章で後述）．

6.3 安全文化の考え方の効用

安全文化モデルの 5 要素を横に並べた図にする（図 6.3）．各要素は，安全確保に向けて，ある要素の不十分を，他の要素が補う補完関係にあるとみられる．

たとえば，規制行政において，規制側（官）の措置は常に十分なものとは限らず，不十分という場合があり，それでも被規制者（民）の組織マネジメントによって補われれば，事故に至らない．組織マネジメントが不十分でも，組織のなかの個人の働きによって補われることもありえよう．

個人（人間）は，ヒューマンエラーがいわれるように，誤りをする．そこで，個人と組織マネジメントの関与を極力減らすよう，技術とプロセスマネジメントを組み立てるのが，自動化などの技術であろう．

重複費用の節約

従来，機械安全，プロセス安全，労働安全など，安全が個々の分野ごとに扱われてきた．安全対策には，分野ごとに特有の部分と，分野間で共通の部分とがある．共通部分を共有すれば，重複を避け，人員や費用を節約できる．節約額は，国全体では巨額になろう．

事故原因の究明

5要素は，いずれも事故原因になりうる．ということは，事故原因を究明する場合の，手がかりとなる．

① 事故原因の見逃しを防ぐ

「技術」に，「プロセスマネジメント」に，「組織マネジメント」に，「個人」に，「制度」に，それぞれ事故原因はないか，チェックのうえで，どれが，あるいは，どれとどれが原因か，決めることになり，見逃す可能性は小さくなる．

② 原因究明のあり方

技術の破綻が，事故の直近原因（proximate cause）または直接原因（direct cause）となる（図6.3参照）．従来，業務上過失罪や不法行為法では，事故が

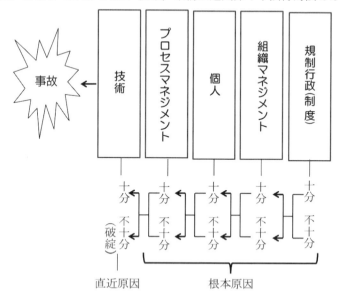

図6.3 事故の因果関係

起きると，直近原因に直接にかかわった者の責任を追及する，という処理が一般的だった．直近原因止まりの原因究明である．

直近原因が発生するには，プロセスマネジメント，個人，組織マネジメント，規制行政のどこかに発する根本原因（root cause）または間接原因（indirect cause）がありうる．一連の根本原因・間接原因を究明することが，事故に学び将来に生かすことになる．

6.4　行動の阻害要因

安全文化の枠組みに従って行動し活動すれば，安全確保が実現する．ところが，その行動を阻害する要因がある．人（個人）の心や意識は，一定不変ではない．さまざまな要因によって，容易に揺らぎ，そうすると，プロセスマネジメントや，組織マネジメントや，制度（規制行政）が影響を受け，技術の破綻となり，事故につながる．

特に1986年のチャレンジャー事故の原因追及は，前記のとおり，安全文化を発展させただけでなく，同時に，阻害要因を明らかにした．

要因01　場の雰囲気が及ぼす影響

ロジャース委員会の公聴会の場面である[3]．「あなたが自分の帽子を変えたとき，あなたは心変わりをしたように思えるのですが，その事実をどのように説明しますか」との質問に対して，サイオコール社の技術担当副社長ロバート・ルンドは，つぎのように答えた．

> 私は思うに，あの会議の後で，それから数日後になるまで，われわれの立場がそれ以前の状態からすっかり変わってしまっていたことに，私は気がつきませんでした．
> あの晩，私は思うに，私はかつて司令部の人からそのような種類のことを言われたことはありませんでした．つまり，われわれが準備を完了していないことを彼らに証明するということ…，そこでわれわれは，それが作動しないであろうことを彼らに証明する何らかの方法はないかと，考えあぐねて，とうとうそれはできませんでした．そのエンジンが作動しないであろうことを絶対的に立証することは，できなかったのです．

ルンドは打上げ前夜，その場の雰囲気に流されて，NASA の論理の重大な

3　ハリス，プリッチャード＆ラビンズ著，日本技術士会訳編『科学技術者の倫理―その考え方と事例（初版）』丸善，325頁（1998）．

変化に気づかなかった．サイオコール社が，打上げは危険であることの一応の証明をした．それを疑問とする NASA 側が，打上げに危険はなく，安全であるとの証明をするのが立証責任のルールである．場の雰囲気が，組織の風土と同様，人の意識に及ぼす影響は大きい．その影響から免れるには，注目してもらいたいことを，開けっぴろげに話したり，環境を変えたりすること，そうするだけで，平常の意識に戻るものだ．

　ちなみに，NASA は，サイオコール社と契約関係にあり，そこで発注者の優越的な地位を利用して，このように無理を通した．安全文化モデル（図 6.1 参照）において，契約という「制度」上の問題である．つまり，「制度」上の要因が，上級副社長ジェラルド・メーソンや技術担当副社長ロバート・ルンドという「個人」たちの意識を狂わせ，これにより「組織マネジメント」上の誤りとなり，「技術」が破綻して事故となった．

要因02　顕微鏡的な見方

　マイケル・デービスは，チャレンジャー打上げをめぐるルンドの心変わりが，自分を欺いている，意志が弱い，意地が悪い，無知，モラル的に未成熟，などとは思えないことから，「顕微鏡的な見方」（microscopic vision）の仮説を立てた[4]．

　技術者に限らず専門職には，「顕微鏡的な見方」といわれる問題が潜んでいる．専門職の教育・訓練は，専門事項に重点を置き，専門職として信頼できる能力を育てる一方で，ちょっと顔を上げて見なければならないときも顕微鏡を覗きこんでいるようにする傾向がある．精確で詳細な観察は，専門職には大切なことだが，いつもそれでは，全体が見えない．顕微鏡からちょっと目を上げるだけで，日常のレベルで見えるものがはっきりと見える．業務中，ときにひと休みし，顕微鏡から目を上げる必要があることを思い出すことだ．

要因03　集団思考

　ハリスらは，米国のアービング・ジェニスが 1982 年に報告した「集団思考（groupthink）の八つの兆候」を掲げ（表 6.1），解説している[5]．

　技術者は通常，集団で仕事をし，考えを練るものである．集団で討論し，合意を導くのは，有益な意思決定の方法である．しかしそのプラスの反面，

4　ハリスら，前出 81 頁．
5　同上，86 頁．

表 6.1　集団思考の八つの兆候

---

① 失敗しても「集団は不死身という幻影」
② 強度の「われわれ感情」　集団の定型を受け入れるよう奨励し，外部者を敵とみなす．
③「合理化」　これにより責任を他の人に転嫁しようとする．
④「モラルの幻影」　集団固有のモラルを当然のこととし，その意味を注意深く検討する気を起こさせないようにする．
⑤ メンバーが，"波風を立てない"よう，「自己検閲」をするようになる．
⑥「満場一致の幻影」　メンバーの沈黙を同意と解する．
⑦ 不一致の徴候を示す人に，集団のリーダーが「直接的圧力」を加え，集団の統一を維持しようとする．
⑧「心の警備」　異議を唱える見解が入ってくる（たとえば，部外者が自分の見解を集団に提示しようとする）のを防いで，集団を保護する．

マイナスがある．コミュニティの連帯は大切だが，落とし穴がある．

　集団思考の傾向に気づき，建設的な対策をとることは，組織のリーダーに必要な条件とされている．ジョン・F. ケネディ大統領は，誤った助言によるキューバのピッグス湾侵攻の後，自分の顧問団の各メンバーに批評家の役割を割り当てるようになり，会議のいくつかには外部者を招待するほか，自らしばしば会議を欠席し，自分の熟慮に不当な影響が及ばないようにした．

　打上げ前夜，最も強く打上げに反対したボイジョリー（とトンプソン）が，打上げを決めた経営者の会議に呼ばれなかったのは，八つの兆候の「心の警備」に相当する．

要因 04　逸脱の正常化

　ヴォーガンは逸脱の正常化（normalization of deviation）を取り上げた．「お粗末な判断へと，なし崩し的に下降している．その代表的なパターンは，1986 年に先立ち，マネジャーおよびエンジニアが，潜在的な危険の信号（ブースター接合部が予測どおりに動作していないという情報）を，正常とみなすことを繰り返していた」（前出 73 頁参照）．

　コロンビア事故の事故調査報告（CAIB 報告）にも，「リスクアセスメントを行った技術者およびマネジャーは，見つかった技術的な逸脱（deviation）を，正常な状態とみなし続け，そのことが NASA 全体のリスクの感覚を失わせた」と記されている（前出 74 頁参照）．

要因 05　思い込み

個人においても組織においても，思い込み（assumption）には力がある．

コロンビア事故報告

コロンビア事故の CAIB 報告は，組織文化の最も基本的なこととして，「思い込み」というものの強力な力を，つぎのようにとらえた[6]．

> 組織文化には，特定の組織体の機能を特徴づける，基本的な価値観，規範，信条，および実務がある．その最も基本的なことは，従業員が自分の作業をする際の思い込み（assumption）を決め，「われわれのやり方」を決める．一個の組織体の文化は，強力な力であり，組織を再編し，キーパーソンを更迭しても，こびりついている．

マクドナルド「打上げ現場の思い込み」

チャレンジャー打上げ現場に，サイオコール社連絡担当でプロジェクトのディレクター，アラン・マクドナルドがいた．その 2015 年の報告がある[7]．

> マクドナルドは，NASA から打上げに書面での同意を求められて，拒否し，サイオコール社から彼の上司，ジョー・キルミンスターが署名した覚書がファクシミリで送信され，打上げとなった．
> マクドナルドは現場の NASA 職員に，打上げ中止が必要な理由を訴えた．その職員は，その権限において，打上げ担当ディレクターに伝えたい，と言ったという．マクドナルドは，情報が伝わったと思い込んでいた．そうでないと知ったら，より決定的な行動をとっただろう．「打上げ担当ディレクターに，シールについて知っているか，と聞けばよかった」，と彼は後悔する．彼が学んだ教訓は，「何ごとも決して思い込みをしないこと」だった．

ロジャース委員会で事実を証言したマクドナルドは，サイオコール社で無役に降格され，辞職しようとしたのを，「2 人で O リング接合部の問題を解決しよう」と引き留めたのは先輩のジョセフ・ペルハムだった．降格を知ってロジャース委員長は，マクドナルドを支持し，その立場を証明した．マクドナルドは復職し，彼のチームは，大幅に改良された新たなブースターロケットの設計により，110 回のシャトルの使命を果たした．

6　Report of Columbia Accident Investigation Board (Aug. 26, 2003); Vol.1, Part 2 , Chap. 5 "Why the Accident Occurred".

7　CEP Profile: "Remembering Challenger and Looking Forward", Chem. Eng. Prog., Vol.111, No.2 (2015).

6.5　福島原子力事故の構造

　福島原子力事故の事実関係は，事故を調査した 3 機関の事故調査報告書によることとし，つぎの名称により引用または参照する（カッコ内は提出年）.
　　・政府事故調中間報告（2011）[8]
　　・政府事故調報告（2012）[9]
　　・国会事故調報告（2012）[10]
　　・IAEA 報告（2015）[11]
IAEA 報告が最新であり，国内の 2 機関の報告を参照して作成されている.
安全文化の 5 要素の考え方を適用して，この事故の構造をとらえる.

　この事故は，原子炉の制御不能という「技術」要因が，直接の原因（直接原因）となって起きた.しかし，直接原因が事故原因のすべてではない.直接原因を引き起こした根本原因が，他の「プロセスマネジメント」,「組織マネジメント」,「個人」,「制度」の，どこかにあった.本書では，つぎのとおり，二つの根本原因と一つの直接原因とがあって，事故が起きたとみる.

　規制行政のあり方について学問の空白があり，合理的なルールの不明が規制の迷走となって，当事者の注意を妨げ（根本原因 1），そのうえ，リスクアセスメント担当の技術者の努力がとりで（砦）となるところ，技術者と経営者の関係においてそれが機能せず（根本原因 2），津波による電源喪失により原子炉の制御不能となり（直接原因），事故は起きた.

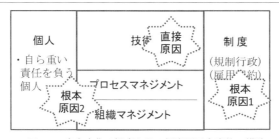

図 6.4　安全文化の観点からの福島原子力事故の構造

8　政府事故調中間報告 (2011)，東京電力福島原子力発電所における事故調査・検証委員会「中間報告」.
9　政府事故調報告（2012），東京電力福島原子力発電所における事故調査・検証委員会「最終報告」.
10　国会事故調報告（2012），東京電力福島原子力発電所事故調査委員会「報告書」.電子版による.
11　IAEA 報告（2015），The Fukushima Daiichi Accident: Report by the Director General.（邦訳版）福島第一原子力発電所事故　事務局長報告書.

安全文化モデル上で見ると，つぎのようにいえよう（図 6.4）.

　①「制度（規制行政）」が根本原因 1 となり，それでも，

　②「プロセスマネジメント」のリスクマネジメントが機能すれば，事故は防げたものが，「組織マネジメント」および「個人」が関与する，経営者と技術者の関係において，それが機能せずに，根本原因 2 となり，

　③ そのため，「技術」における直接原因となり，事故は起きた.

(1)　根本原因 1——規制行政のあり方

「制度」として，法律にもとづく政府による規制（規制行政）がある. ところが，原子力規制の法律はあるが，それを解釈して規制するルールが不明であり，それには，規制行政の学問（法学）の空白があった. 合理的なルールの不明が，規制行政の迷走となり，当事者の注意を妨げたとみる（詳細は第 10 章）.

(2)　根本原因 2——経営者・技術者の関係

津波に伴う電源喪失により原子炉が制御不能となり，事故は起きた. 適切な津波対策があれば，事故は防げた. 対策を二つの観点から検討する.

観点 1——大きな津波対策

福島第一原子力発電所に到達すると予想される大津波に対し，防潮堤を建設するという大きな津波対策である.

経営者の判断

2008 年 7 月の会議で. 担当者らが防潮堤の許認可や工程表，概算費用の説明をしたのに対し，経営者は対策を保留にする決定をした.

事実関係

政府事故調報告は，つぎのように記している.

　　政府の地震調査研究推進本部の長期評価のなかで，福島県沖でも津波地震の発生を否定できないという見解が出されたことを受けて，平成 20（2008）年 5 月から 6 月にかけて，明治三陸地震クラスの地震が福島県沖で発生したという想定で津波の波高を計算したところ，福島第一原発の敷地内で 9.3 〜 15.7m という極めて高い数値を得た. さらに，同年 10 月頃にも，別の専門家の貞観津波シミュレーションに関する論文を参考に，津波の波高を試算したところ，福島第一原発で 8.6 〜 9.2m，福島第二原発で 7.7 〜 8.0m というやはり高い数値を得た.

　しかし，東京電力の幹部は，平成14（2002）年の長期評価による福島県沖を含む日本海溝付近の地震予測にしても，新しい貞観津波シミュレーション研究にしても，単に可能性を指摘しているだけで，実際にはそのような津波は来ないだろうと考えた．そして，すぐに新たな津波対策に取り組むのではなく，土木学会に検討を依頼するとともに，福島県沿岸部の津波堆積物調査を行う方針を決めるだけにとどめた．

（政府事故調報告，422頁）

　事故後の強制起訴による裁判の2019年の判決に関して，この関係のことが，つぎのように報道されている[12]．

　武藤栄・元副社長が出席した2008年7月の会議．担当者らは対策に進む判断をしてもらおうと臨んだ．防潮堤の許認可や工程表，概算費用の説明を一通り聞いた武藤氏が発した言葉は，意外なものだった．「研究しよう．頼むとすればどこか」．対策を保留にし，土木学会に想定法の検討を委ねることが決まった．年単位の時間がかかることは明らかだった．
　「予想していなかった結論で力が抜けた」と担当者は証言した．だが誰も異論は唱えなかった．「経営判断．従うべきだと思った」と別の担当者は語った．
　予測のあいまいさを理由に，組織の動きは鈍った．担当者らは対策不可避と考え続けていたものの，事故への切迫感はなかった．

論　点
　担当者らは，たぶん，技術者だろうが，「対策不可避と考え続けていたものの」，武藤副社長の判断に，「誰も異論は唱えなかった．『経営判断．従うべきだと思った』」．しかし，経営者と技術者の関係として，それでよいだろうか．

観点2——非常用ディーゼルエンジン津波対策
　この事故では，地震とそれに伴う津波によって全電源を喪失して原子炉が制御不能となり，事故が起きた．その傍ら，非常用電源により一部原子炉の制御が維持されていた．そのことから，仮想シナリオによる検討である．

事実関係
　現場には3対(計6基)の原子炉があり，全電源喪失は1号機～4号機であって，1基の非常用ディーゼル発電機が，5号機・6号機を守った（IAEA報告，53頁）．

12　朝日新聞，2019年9月21日30面「問われぬ責任［上］津波予測　伏せられた15.7メートル」．

　　6号機の非常用ディーゼル発電機のうちの1台は洪水を乗り切り，動
　作可能であった．したがって，運転員には対応する時間がより長くあり，
　両機の冷却系は1台の残存した非常用ディーゼル発電機によって電力を
　供給された．この電力供給は，炉心の冷却を維持し，後には5，6号機
　の使用済燃料プールへの冷却を提供するために使用され，両機とも安全
　状態まで冷却することに成功した．

　この非常用ディーゼル発電機（非常用DG）について，つぎの記述がある（政
府事故調報告，86頁）．

　　6号機のDG建屋は，6号機の非常用DG増設に伴い，O.P. +l3m盤の
　6号機T/B北側に設置されたものであり，非常用DG1台及びこの作動
　に必要な設備が設置されている（政府事故調中間報告，資料Ⅱ-4）．
　　運転開始時，非常用DGについては，5号機に1台（5A），6号機に2
　台（6A及び6H）設置されており，その他に5号機及び6号機共用の非
　常用DGが設置されていた．平成10年5月頃に非常用電源を強化する
　観点から，共用の非常用DGを5号機専用（5B）とし，6号機に非常用
　DG（6B）を1台増設した．なお，6号機非常用DG（6B）は，空気冷却
　式であり，海水系ポンプを必要としない．

　他の非常用D/Eに浸水対策がなかったことを，IAEA報告は記している．

　　2009年に東京電力は，最新の海底地形データと潮位データを使用し
　て，最大津波高さとして6.1mの値を評価した．（中略）一部の設計変更
　が行われ，特に残留熱除去に使用するポンプのモータを高くした．事故
　時に，この措置だけでは不十分なことが判明した．非常用D/Eの浸水を
　回避する措置など，洪水防護を強化するためのその他の安全措置は実施
　されていなかった（IAEA報告，46頁）．

考察——想定シナリオによる検討

5号機・6号機以外の各号機の非常用DEに，浸水による障害を回避する措
置があれば，事故は防げた．つぎのシナリオが想定される．

　　①東京電力では，リスクマネジメントが実施されていた．「東京電力
　のリスクマネジメントに関する意思決定は——より具体的には，確率が
　低くて結果が重大な事象に関しては——十分に評価して行動することは
　なされなかった」（IAEA報告，技術文書Ⅱ）という．
　　②しかし，仮想として，非常用DEの系統にもリスクアセスメントが
　実施されたならば，担当の技術者は，1～4号機の非常用DEに浸水の

表 6.2　二つの事故の比較——経営者と技術者の関係

事業者		サイオコール社	東京電力
当事者	上級経営者	上級副社長メーソン	勝俣会長，清水社長
	技術担当経営者	技術担当副社長ルンド	武藤副社長
	専門職	技術者のボイジョリーとトンプソン　連絡担当マクドナルド	「担当者」（技術者だろう）
専門技術		O リングのシール機構	津波の予測と対策
事業的背景		・サイオコール社は NASA との新しい契約を必要とし，打上げに反対する勧告がその契約獲得の見込みを大きくするはずはない．	（筆者らの推定による）・大きな津波への対策は，防潮堤建設のコストを含めて，膨大な負担となる．
経営者の判断		・打上げ反対に技術者が全員一致ではなく，そして，気温と O リングのシール時間の関係が数値で特定できていない．・それでも決断しなればならない．	・地震予測も津波シミュレーション研究も，単に可能性を指摘しているだけだ．・「研究しよう．頼むとすればどこか」．
技術者の行動		・ボイジョリーは，気も狂わんばかりに経営陣の説得に努めた．・マクドナルドは，NASA の現場職員に直接に訴えた．	・「予想していなかった結論で力が抜けた」．だが誰も異論は唱えなかった．

　リスクがあることに気づき，浸水を避ける対策に向かっただろう．

　担当技術者は上司に報告し，経営者の承認を求める．「大きな津波対策」は防潮堤を建設するなど膨大なコストに対し，「非常用ディーゼルエンジン津波対策」のほうは低額だから承認され，事故は防げたかもしれない．対策の成否は，前記「大きな津波対策」と同様，技術者と経営者の関係にかかる．

　以上，根本原因 2 について，二つの場合を検討したが，いずれも，経営者と技術者の関係に帰する．この事故のカギをにぎるのは，経営者と技術者の関係だということである．

(3)　事故の構造——チャレンジャー事故との比較

　チャレンジャー打上げの前夜，打上げを請け負ったサイオコール社の上席副社長メーソン，技術担当副社長ルンド，技術者ボイジョリーがかかわり，経営者と技術者間に相反があった．それと，上記事実の要素とを比較する（表6.2）．二つの事故の，経営者と技術者の関係は，同じ類型ではないか．

つまり，チャレンジャー事故の前例がある．そのうえ，経営者（リーダー）と技術者（メンバー）間の，目標の相反による対立には，NRC による解決策（図 3.3 参照）があり，「積極的安全文化の特性」（表 5.1 参照）にもそれがある．

そこで，技術者の対応に目を向けよう．チャレンジャー事故では，技術者ボイジョリーが「気も狂わんばかりに経営陣の説得に努めた」のと比べ，この事故では，「誰も異論は唱えなかつた」．日本の技術者が，常にこれでは，専門技術を担う者として，責任を果たしているといえるだろうか．本書は，日本の技術者に，ボイジョリーのような行動を勧めるものではないが，ここで考えよう．

(討論 1)　津波対策：あなたならどうする

つぎの記述を参考に討論しよう．

　東京電力で経営者と技術者が出会ったのは，重大な問題だ．そこで，それがどれほど重大かという，重大性の判断があるべきだろう．さほど重大でなければ，異論を唱えることもなかろう．重大だと判断したら，経営者に再考を促す，そうすれば経営者が考え直す，というコミュニケーションがあるだろう．そのうえでの決定は経営者の権限，というルールがあってよいではないか．このようなルールは，日本の社会が認める範囲内にあるのではなかろうか．□ 賛成　□ 反対　□ どちらでもない．

(討論 2)　日本の安全文化

IAEA は，福島原子力事故の原因を，つぎのように判断している[13]．

　事故につながった大きな要因の一つは，日本の原子力発電所は非常に安全であり，これほどの規模の事故は全く考えられないという，日本で広く受け入れられていた想定（assumption）であった．この想定は原子力発電所事業者により受け入れられ，規制当局によっても政府によっても疑問を呈されてなかった．その結果，日本は 2011 年 3 月には重大な原子力事故への備えが十分ではなかった．

　この「想定」の英語 assumption は，本書では「思い込み」としている（前出 89–90 頁参照）．訳語の問題だが，「想定」よりも，「思い込み」のほうがわかりやすいかもしれない．

　そのような想定（＝思い込み）が，「重大な原子力事故への備えが十

13　IAEA 報告（2015），The Fukushima Daiichi Accident: Report by the Director General.（邦訳版）福島第一原子力発電所事故　事務局長報告書.

分ではなかった」結果になった．そこに安全文化の不足があったのだが，つぎの事項を参考にして討論しよう．

□ 日本には高度な品質文化があり，それを応用した日本育ちの"安全文化"があったが，どのような体系のものかよくわかっていない．
□ 福島原子力事故の原因は，日本で広がっていた想定（＝思い込み）の問題であって，文化といわれるものとは関係がない．
□ 日本では，安全文化の5要素すべてに欠陥があったのではなく，「個人」と「制度（規制行政）」の2要素に問題があったとみられる．
□ 科学技術は国際共通であり，その利用における安全確保の枠組み，すなわち安全文化も，国際共通であることが期待される．

6.6 まとめ

　INSAG–4 の安全文化の実務の体系を分析して，安全文化の枠組みを5要素で表した安全文化モデルは，日木育ちの "安全文化" の問題点を指摘する．このモデルは，各要素の補完関係を説明し，安全確保対策，事故原因究明などの効用がある．福島原子力事故について，事故の事実関係は既報の事故調査報告書により，安全文化の観点から分析すると，チャレンジャー事故と共通する原因が見えてくる．

　福島原子力事故は，規模において，過酷さにおいて，日本がかつて経験したことのない大事故であるが，学問の空白，規制の迷走，技術者と経営者の関係，そして技術の破綻という事故の構造からみて，もしこの事故に学んで安全文化の5要素に対応する改善・改革がなされなければ，時と場所を変えて大小さまざまな事故や不祥事がありうるとみなければならない．

「責任ある職務」には、法的な意味がある。あらゆるプロジェクトにおいて、一人の技術者がその完成に責任をもち、もし、失敗すれば、その技術者の責任である。すべての間違いを正すのは、その技術者の責任であるから、その技術者は他者を非難することはできない。

あるヨーロッパの国々では、橋梁を設計する責任ある職務の技術者は橋が完成して荷重試験が行なわれる間、その橋梁の下に立っているよう要求されたものである。

ヴェジリンド＆ガン著、日本技術士会環境部会訳編
『環境と科学技術者の倫理』五七頁、二〇〇〇年、丸善

第7章　技術者の資格

　社会は技術者の役割を遂行する能力のある人を育てて，そういう人に技術者としての資格を認め，免許が与えられる．技術者資格の仕組みを理解し，先行の英米などの制度や，技術者資格の国際間の相互承認について知る．

7.1　技術者資格の仕組み

職業と専門職業

　専門職業（プロフェッション，profession）は，職業（occupation）のなかでも，専門的な知識・経験・能力を必要とし，それに従事する人を，専門職（プロフェッショナル，professional）という．技術者や，建築家，医師，弁護士などが，そうである．

　日本語では，専門職と専門家は，たった1字の違いだが，英語では，プロフェッショナル（professional）とエキスパート（expert）で，語源から違う．専門家は，ある分野で高度の知識・経験・能力を備える人が，そう呼ばれるが，それを職業にしているとは限らない．専門職は，備える知識・経験・能力は同じでも，それによって職業に就き生計を立てる．

　英語のプロフェッション（専門職業）の語源の形容詞「公言した（professed）」は，最も初期の意味は，修道院に入った人の活動をいうものだった．高いモラルの理想に忠実で，ごまかしのない生き方に入ることを公衆に約束した人，を思い浮かべるとよい．しかし，この語は，17世紀後半までに世俗化し，公言した一定分野の専門的能力が，他の人の問題に応用され，あるいはその技術が実務に利用される人を意味するようになった[1]．プロ野球などの「プロ」もこの語である．

専門職業が成立する条件

　専門職に求められる基本的なこととして，少なくともつぎの2点がある．

① 専門的能力

　専門分野の知識・経験・能力である（前出18頁参照）．

1　ハリス，プリッチャード＆ラビンズ著，日本技術士会訳編『科学技術者の倫理—その考え方と事例（初版）』丸善，29頁（1998）．

② 規範遵守の適性

社会規範（法，倫理など）を順守して業務に従事するのに適する性質であり，いわゆるコンプライアンスとも関係がある（第 10 章参照）．

専門職の条件を，エンジニアについて図に表す（図 7.1）．エンジニアが社会に対し，社会規範を順守することを誓約し，そのことを条件に，社会が技術者に対し，科学技術を人間生活に利用する技術業 [2] の業務を行う権限を授ける（＝授権する）（同図，右半分）．これは，図に示すとおり，公的関係であって，他方，技術業の実務によって得る給与・報酬などの経済的利益によって，健康で文化的な生活を営み，かつ継続的に専門職としての能力を伸ばす（CPD）という，私的関係がある（同図，左半分）．

職業選択の自由は，従事する職業を決定する自由を意味し，近代になり，市民が封建的な拘束を排して，自由な経済的活動を行うために主張されるようになった権利である [3]．日本国憲法も，職業選択の自由を保障する（22 条 1 項）．

薬剤師という専門職について，最高裁判所が，職業選択の自由との関連で，職業というものの性格および意義を，つぎのように示している [4]．

① 人が自己の生計を維持するためにする継続的活動であるとともに（生計維持），

② 分業社会においては，これを通じて社会の存続と発展に寄与するという，社会的機能を分担する活動としての性質があり（社会的機能分担），

③ 各人が自己のもつ個性を全うすべき場として，個人の人格的価値とも不可分の関連を有するものである（人格的価値）．

上で専門職の条件として示したこと（図 7.1 参照）は，これと矛盾しない．

専門職業のモデル

専門職業の以上のような性格から，つぎの二つのモデルがあるとされる [5]．

・ビジネス・モデル（business model）　専門職が自分自身の経済的利益のために利用するという在り方を強調する．

・社会契約モデル（social-contract model）　専門職は単にビジネスをする

2　技術業（engineering）は，科学技術を人間生活に利用する業であり，農業，漁業，商業などの「業」と同じ意味である．

3　芦辺信喜『憲法（新版・補訂版）』岩波書店，201 頁（2000）．

4　巻 美矢紀「経済的活動規制の判例法理再考」ジュリスト，1356 号，33 頁（2008）．最高裁判決，最大判昭和 50 年 4 月 30 日民集 29 管 4 号 572 頁；薬局の開設等の許可基準の一つとして地域制限を定めた薬事法の規定は，必要かつ合理的な規制を定めたものといえないから，憲法 22 条 1 項の違反し，無効であるとした．

5　ハリスら，前出 31 頁

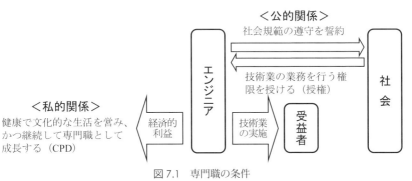

図 7.1　専門職の条件

人ではなく，公衆へのサービスを志向するという確信が，ビジネス・モデルにおけるよりも真剣である．

社会契約モデルが，その後，専門職業モデル（professional model）と呼びかえられているのは[6]，適当といえよう．

7.2　プロフェッショナル・エンジニア制度

広い意味のエンジニア[7]のなかで，専門職のレベルのエンジニアが，「専門職の技術者(professional engineer)」と呼ばれ，「プロフェッショナル・エンジニア」（略称PE）という名称になった．

プロフェッショナル・エンジニア制度

育った地域・国によって，プロフェッショナル・エンジニア（PE）制度はさまざまだが，学歴，実務経験，試験の3点を資格要件とする共通性（図7.2）が，

図 7.2　PE 資格の典型的な形式要件

6　ハリスらは，初版では「社会契約モデル」とし，第4版では「専門職業モデル」としている：Harris et al.: "Engineering Ethics: Concepts & Cases, 4th Ed.",Wadsworth, p. 7（2009）．

7　本章では，「技術者」と「エンジニア」を同じ意味に用いる．海外の専門職名は原語カナ書きの「プロフェッショナル・エンジニア」とする．

国際間の PE 資格の相互承認といった交流を可能にしている.

　しかし，資格要件に共通性はあっても，PE 制度を成立させている理念に，以下に観察するように三つのタイプ（型）があり，重要なことである.

　　・民間の PE 団体の自治を基本とする（仮に「団体自治型」という）.
　　・国家が国民の福利のために規制する（同「国家規制型」という）.
　　・国家による科学技術関連の人材養成政策の一つ（同「人材政策型」という）.

（1）　団体自治型──英国チャータード・エンジニア

プロフェッション（専門職業）の発生[8]

　英国では 18 世紀半ば，産業革命を背景に，職業としての技術者が生まれた. 道具から機械へという生産様式の革命の進行と拡大が，機械の生産，改良および修理に従事する専門家を一つの社会層として生み落した. 前身は水車大工，時計工，錠前工，金細工師，石工，鍛冶屋といった親方・職人層で，特に水車大工は，初期の著名な技術者の多くが，その出身ないし徒弟を経験している. 蒸気機関の J. ワットも，機械系技術者の草分けだった.

　18 世紀半ばから後半は，鉄道時代に先行する最初の大規模な土木事業の時代でもあり，道路，運河，港湾，橋梁，灯台の建設，河川の改修，沼沢地帯の排水などの工事が進められた. そこから最初の土木系技術者が生み出された. その出自もまた，水車大工をはじめとする職人層だった. この時期，機械技術者とか土木技術者という区別は，たとえあっても二義的であり，実際，土木技術者の J. スミートンは，卓越した機械の専門家であり，J. ワットは，蒸気機関とは関係のないカレドニア運河の測量にも従事することができた. このことは新しい時代の技術者の性格につながる.

　土木技術者の仕事は，特定の地域の運河，道路，橋などと結びつき，その種の企業体にそのつど雇用され，あるいはコンサルタントとして働くという性質から，工業化による最初のプロフェッション（専門職業）となり，1818 年，土木技術者協会の設立に至る.

　技術者がその後，職人たちと区別され，地位を高めたのは，職人たちの「実地の経験知（rule of thumb）」に加え，科学の理論的な知識を身につけていったからだった.

プロフェッションの成立

　19 世紀という時期は，工業化の進展によって社会的分業が拡大し，それに

　8　村岡健次『ヴィクトリア時代の政治と社会』ミネルヴァ書房，230，242 頁（1996）.

応じて各種の専門職業がつぎつぎに生まれた．その過程を要約する[9]．

　　まず同業の士が寄ってクラブないしアソシエーションを結成し，専門
　知識・情報の交換，研究会などを始める (study association)．
　　つぎに会員が増えるにつれてプロフェッションとしての権威の確立をめ
　ざす動きが現われ，国王特許状（royal charter）を求めて法人化を図る．
　そして特許状を得て，法人格が認められると，この団体は，それを拠り所
　に自らの会則（by-laws and regulation）を定め，そのプロフェッションの
　資格付与団体(qualifying association)へと転化する．つまり会員資格が，
　徒弟としての修養年限，マスターとしての必要最低年限などによって厳密
　に規定され，また倫理規律も固まってきて悪徳，無能な同業者を排してい
　く一方，内には会員（member），准会員（associate），生徒（student）の
　ギルド的階層制が構築され，かくしてこの団体は，内外の事情が許せば（た
　とえば分裂とか対抗団体がないというような）当該プロフェッションの資格，
　教育課程，規律などを管理する権威団体としてその地位を確立する．

非プロフェッションとの緊張関係[10]

　その時代，プロフェッションと非プロフェッションの技術者が共存し，後
者が前者を生む母胎ともなっていた．

　近代の社会学的研究は，プロフェッションの意味が不明確であることを認
めながらも，専門事項について適格であること，自らの行動規程をもつこと，
および職業の目標に強い義務感ないし愛着をもつこと，という三つの要素が
あるとする．この考え方は，専門職の技術者と，技能者とを，識別できない
という問題はあるが，弾力性のあるガイドラインとして有用である．

　要するに，専門職業の意義は，先導する者と，先導される者とを分ける社
会制度とみることができる．専門職の技術者は，英国の産業革命において，
実体はあるが形のはっきりしない一群の人々の先導者であり，設計と職人的
技量とを作り出すことによって生計を立てた．そうして社会階層の頂点に立
つと，この専門職業は技能者の群衆に開放されていたから，先導者の地位が
脅かされる緊張関係が生まれた．そこから，専門職業が，社会における安全
保障の意味をもち，下からの侵食に対して地位を支えるものとなっていった．

チャータード・エンジニア[11]

　英国（United Kingdom, UK）では，勅許状（Royal Charter）により設立さ

9　村岡，前出234頁．
10　Buchanan, R. A.: "The Engineers : A History of the Engineering Profession in Britain, 1750-1914",
J.Kingsley Publishers, p.15（1989）．
11　ECUK ホームページ http://engc.org.uk/

れた技術者団体が，国家の不介入を保証され[12]，自治団体として発展した．いま英国で，技術者として実務を行う権利に制限はない．"エンジニア"という名称も，誰が用いてもよい．

　主要な技術者団体を会員とするエンジニアリング協議会（The Engineering Council, ECUK）は，1981年，勅許状により設立された．会員で最も歴史の長い土木技術者協会（The Institution of Civil Engineers, 日本では「英国土木学会」という）は，1828年の国王勅許である．ECUKは，会員の36団体を通じて，英国の技術専門職業を規制する．ECUKから免許された会員団体が，それぞれの個人会員が専門職の技術者としての登録に適するかどうかをECUK基準により評価し，その評価を経た個人会員がECUKに申請して，チャータード・エンジニア（CEng, Chartered Engineer）として登録される．

（2）　国家規制型──米国プロフェッショナル・エンジニア

　1776年の独立宣言は，国王政府の専制支配を排し，自らの将来にわたる新たな安全保証のために政府を樹立することは，権利であり，義務であるとした．政府が国民の安全を保証するという思想は，技術者資格にも及ぶ．

職業免許の系譜

　州の職業免許の最初の形は植民地時代に出現したもので，地方自治体による競売人や行商人の免許だった．近代的な職業免許は19世紀末に始まる．イリノイ州の例では，1881年，薬業委員会を設置し，登録薬剤師を除いては，薬品，医薬品および毒物を，小売りし，合成し，あるいは調剤することを禁止した．同年，歯科の業務が規制され，5人の歯科医からなる委員会がその実施の責任を負い，1877年に医師，1897年に建築家，1899年に助産婦，炭鉱業，獣医，さらに整体師と整骨医を加えた．これらの職業が野放しでは，州住民の利益が害される．たとえば医業では，消費者はある人が医師として有能かどうかを前もって評価できないし，医療の後でさえそうである[13]．

プロフェッショナル・エンジニア制度

　プロフェッショナル・エンジニア（PE）制度は1907年，専門職とはいえ

　12　国王勅許という方法は，マグナ・カルタ（大憲章．カルタはcharterの意）から説明するとわかりやすい．1215年，国王ジョンが封建貴族・大商人の強要により承認した勅許状である．それが17世紀以来，"イギリスの自由の守護神"と崇められるが，元来，そこでの「自由」は，封建貴族らが国王の支配から自由であること，および領主として自己の領地内に人民を支配する自由であった．そういう意味で,旧体制温存のための文書だった：田中英夫『英米法総論』東京大学出版会，58頁(1980)．

　13　Shapiro, Sidney A., Tomain, Joseph P.: "Regulatory Law and Policy: Cases and Materials", 3rd Ed., Carolina Academic Press, p.445 (2003).

表7.1　テキサス州技術業業務法（2013年12月現在）

第1001.004条（立法の目的および意図）
(a) 立法者は，数学，自然科学および工学の知識の急速な進歩が，技術業の業務に適用されるとき，州住民の生命，財産，経済および保安，さらに国家防衛に及ぼす重大な影響を認識する．
(b) 本法の目的は；
(1) 公衆の健康，安全および福利を保護し；
(2) 州および公衆が，この州において技術業の業務を行なうよう授権されている人を見分けることができるようにし；かつ
(3) 技術業の業務において行われる作業，サービスまたは行為に対する責任を負わせることにある．
(c) 立法者が意図するのは：
(1) 技術業の業務を行う特権を，本法により免許され業務を行う人にのみ委ねる；
(2) 本法により免許された人のみが，つぎのことをすることができる；
(A) 技術業の業務に従事し；
(B)「エンジニア」という種類であることを何らかの方法で表示し；または
(C)「エンジニア」の語を専門職として利用する．（以下略）

ない人々の技術業や測量業を止めさせようとワイオミング州の立法に始まり，最終は1947年のモンタナ州まで，20世紀前半に全米に普及した．テキサス州では1937年，学校ガス爆発事故が死者298人の惨事となり，不適切な設備機器によるものとされ，その年のうちにPE法を制定した．

　PE法の内容には州によって違いがあるが，テキサス州の場合（表7.1），「科学技術（＝数学，自然科学および工学）の知識の急速な進歩が…州住民…に及ぼす重大な影響を認識」して，その影響から公衆を保護するために，そのことに責任があるのは誰かがわかるように，技術業の業務をPEに限り，かつ「エンジニア」という名称の使用をPEに限る．PEによる業務および名称の独占（特権）である．しかし，これには免除の規定がある．

PE免許の免除

　技術業は，PE制度が整備される以前に行われていたから，すでに従事している人の職業選択の自由を不当に制限するわけにはいかない．そこで，PE免許がなくても技術業が行える場合を定める，免除の規定がおかれた．

　テキサス州の例では，「この免除は，公衆に対して技術業のサービスを提供することをしない人にのみ適用される」（技術業業務法1001.51条）として，免除される場合が規定されている（表7.2）[14]．たとえば，「民間の会社・企業体の

14　杉本泰治『技術者資格―プロフェッショナル・エンジニアとは何か』地人書館, 101頁（2006）.

表7.2　PE 免許の免除（テキサス州，2013 年 12 月現在，要旨）

052 条	PE 免許保有者の被用者
053 条	公共工事であって，（1）電気・機械工事は 8,000 ドル以下，（2）その他工事は 20,000 ドル以下，（3）県による道路の維持・改良
054 条	連邦の職員・被用者
055 条	機械的，電気的その他の設備であって，機関車，定置式エンジン，蒸気エンジンなどの据付，運転，修繕またはサービス
056 条	一定の建物の建築，修繕および計画であって，私的住宅および所定の規模以下のアパートとビル
057 条	民間の会社・企業体の活動に従事する被用者
058 条	民間のユーティリティの被用者
059 条	適格の科学者
060 条	土壌および水の保全を行う農業工事
061 条	電話会社とその被用者
062 条	民間事業会社の被用者であって，PE のシールのある計画・仕様による不動産の建造，修繕，改造などに従事
063 条	建築士，造園士，および内装デザイナー
064 条	州の土地測量士
065 条	高等教育機関の被用者
066 条	NASA 関係の一定の活動
067 条	一定の消防署の被用者
068 条	石油・ガス資源の評価に従事する州外のエンジニア

（注）条文番号は，§ 1001 に続く番号を示してある．

活動に従事する被用者」は，自社の建物などの施設で，公衆を受け入れる可能性のないものの合理的な改造に限り，免許がなくでも実施できる（057 条）．

資格法から業法へ

当初，前記 1937 年の学校爆発事故を契機に制定されたのは，「技術業登録法（The Engineering Registration Act ）」であり，プロフェッショナル・エンジニア制度を創設する PE 資格法だった．1965 年に，名称が「テキサス技術業業務法（Texas Engineering Practice Act）」の現行法となり[15]，「立法の目的および意図」（表 7.1 参照）が定められた．この名称のとおり，技術業の業法であり，そのなかに PE に関する規定が含まれる構成である．

技術業を PE に限りながら，免除を設けることは，PE 免許がなければできない場合と，PE 免許がなくてもできる場合を合わせて，技術業の全体になる．この法律は，技術業の全体を視野に収めることになった．企業は，委員会（次記）

15　Texas Board of Professional Engineers: "Licensure As A Professional Engineer In Texas"（2015）．
https://engineers.texas.gov/downloads/eb17.htm

に登録し，かつその業務が PE によってのみ行われるのでなければ，技術業の業務に従事してはならない，との規定もある（1001.405 条）．

テキサス州の所管の行政庁はプロフェッショナル・エンジニア委員会であり，知事が上院の同意を得て，PE 委員 6 名，公衆委員 3 名を任命し，うち 1 名を議長に指名する．PE 委員の割合が多いのは，PE 自治の趣旨なのだろう．

米国全体の登録 PE 数は，2014 年に 822,575 人，約 82 万人である[16]．エンジニアの総数は，コンピュータ関連職業[17]などを除いて，2012 年に約 153 万人[18]といわれるが，算定方法によって違うので，エンジニア総数の何%が PE かは，よくわからない．米国のエンジニアリング学士課程の修了者の約 20%が PE になる，と推定されている[19]．

（3） 人材政策型——日本の技術士

技術士制度

日本の「技術士」は，1951（昭和 26）年，任意団体の日本技術士会の設立に始まり，1957 年に技術士法が制定され，国の制度になった．1983 年の全面改正を経るこの段階は，米国の PE 制度を参考にしながらも，技術士をコンサルティング・エンジニア（CE）とし，その職業の社会的認知を目標とした．

技術士法の 2000（平成 12）年改正は，技術者資格の国際間の相互承認を図

表 7.3　APEC エンジニアの理念

大阪アクション・アジェンダ (ボゴール宣言の具体化)
APEC エコノミー首脳行動宣言（1995 年 11 月 19 日，大阪）
人材養成 —共通理念
アジア太平洋地域の人々は，この地域における最も重要な資産である．この地域における人的資源への要請は，この地域の成長と活動とに連携して拡大し多様化しつつある．APEC エコノミーは，人材養成の一般理念を定め，共同作業の項目を定める．
作業項目
f　専門職資格の相互承認に関心のある APEC エコノミー間で，二国間協定を通じて，この地域における専門職資格者の流動化を促進するプログラムを設定する．

16　NCEES (National Council of Examiners for Engineering and Surveying) : "Number of licensees by state" (2015). http://ncees.org/licensure/number-of-licensees-by-state/

17　「コンピュータ関連職業」は，コンピュータと情報の研究科学者，システム・アナリスト，プログラマ，ソフトウェア開発者など，総数約 346 万人（2012 年）．

18　John F. Sargent Jr.: "The U.S. Science and Engineering Workforce:Recent, Current, and Projected Employment, Wages, and Unemployment", Congressional Research Service, 7-5700 (2014).

19　National Society of Professional Engineers : Blog "The 80% Myth in the Engineering Profession" (2015). http://www.nspe.org/resources/blogs/pe-licensing-blog/80-myth-engineering-profession

表7.4　技術士法「目的」と技術士「定義」

（目的）
第1条　この法律は，技術士等の資格を定め，その業務の適正を図り，もって科学技術の向上と国民経済の発展に資することを目的とする．（注：「技術士等」とは，技術士および技術士補をいう）
（定義）
第2条　この法律において「技術士」とは，第32条第1項の登録を受け，技術士の名称を用いて，科学技術（人文科学のみに係るものを除く．以下同じ）に関する高等の専門的応用能力を必要とする事項についての計画,研究,設計，分析，試験，評価又はこれらに関する指導の業務（他の法律においてその業務を行うことが制限されている業務を除く）を行う者をいう．

る流れのなかで，技術士制度を，APEC（アジア太平洋経済協力）域内で発足した相互承認の枠組み「APECエンジニア」（後出112頁参照）に対応させるための改正だった．

　この改正の際，APECエンジニアの理念（表7.3）[20] が，あいまいだった技術士制度の性格を，国の人材養成の政策へ方向づけたとみられる．

　この改正は，「技術士と同等以上の外国の資格者」に技術士の資格を認め（技術士法31条の2），技術士の質の実質的同等性の確保を図るもので，大学など高等教育機関での教育と，技術士となってからも，継続して専門職能力を伸ばすこと（CPD[21]）を義務づける（47条の2）．合わせて，技術士の公益確保の責務が，「業務を行うに当たっては，公共の安全，環境の保全その他の公益を害することのないよう努めなければならない」（45条の2）と規定された．

　技術士法の「目的」と「定義」（表7.4）は，2000年改正前からの規定だが，「科学技術の向上と国民経済の発展に資する」といい，バラ色の科学技術への期待がある．前記テキサス法（表7.1参照）と比べると，違いがわかる．2000年改正に先立つ，科学技術庁技術士審議会（当時）における審議の段階では，「技術が社会に及ぼす影響の大きさは，正の効果も負の効果も拡大する傾向にある」との認識[22] があったが，そういう理念は取り入れられなかった．

技術士資格の取得

　技術士資格を取得するについて（図7.3），「指定された教育課程修了者」は，第一次試験を免除されて，技術士補の資格がある（技術士法31条の2②）．こ

20　高城重厚（当時，技術士審議会委員）の記録による．

21　CPD:Continuing Professional Development. 日本では，継続教育，継続研鑽，継続的な能力開発，などといわれる．

22　技術士審議会「技術士制度の改善方策について」（平成11年12月1日）．

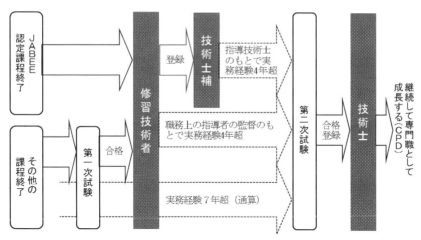

図7.3 技術士資格を取得するプロセス

の関係で，日本技術者教育認定機構（JABEE）が，1999年に発足し，第三者機関として，技術者教育プログラムを審査して認定する．2005年，ワシントン協定（Washington Accord）の正式加盟団体として承認され，JABEE の学習・教育目標は，ワシントン協定の共通基準と整合であり，これにより，学校教育の段階から，国際的な実質的同等性が確保される仕組みである．

技術士資格には，技術分野があり，第一次試験，第二次試験がある．

① 技術分野

つぎの 20 分野からなり，そのほかに総合技術監理部門がある．

01 機械部門　　02 船舶・海洋部門　　03 航空・宇宙部門
04 電気電子部門　05 化学部門　　　06 繊維部門
07 金属部門　　08 資源工学部門　09 建設部門
10 上下水道部門　11 衛生工学部門　12 農業部門
13 森林部門　　14 水産部門　　　15 経営工学部門
16 情報工学部門　17 応用理学部門　18 生物工学部門
19 環境部門　　20 原子力・放射線部門

② 第一次試験

年齢，学歴，業務経歴等による制限はない．試験は筆記試験により，つぎの 3 科目からなる．

　（1）基礎科目　科学技術全般にわたる基礎知識
　（2）適性科目　技術士の義務の遵守に関する適性

　　(3) 専門科目　受験者があらかじめ選択する1技術部門に係る基礎知
　　　　識および専門知識
③ 第二次試験
第二次試験を受験するには，実務経験の取得に三つのルートがある（図7.3
参照）．試験は，つぎの科目からなる.
　　(1) 選択科目　「選択科目」に関する専門知識，応用能力，課題解決能力
　　(2) 必須科目　「技術部門」全般にわたる専門知識
　　(3) 口頭試験（筆記試験合格者のみ）　技術士としての適格性と高等の
　　　　専門的応用能力などについて口述による.

　　第二次試験に合格し技術士登録をした人の実数は，約8万3千人（2015年3
月末現在）である.

7.3　技術業のその他の職業資格

科学技術と専門職業

　　ここまでプロフェッショナル・エンジニア）について述べた.
　　プロフェッショナル・サイエンティスト（専門職の科学者），プロフェッショ
ナル・テクノロジスト（専門職のテクノロジスト），プロフェッショナル・テク
ニシャン（専門職の技能者），などの呼称もある．これらはPEのような社会的
勢力にはなっていない.

ドイツの職業資格

　　ドイツには，（職業資格）＝（教育資格）＋（公的職業資格試験），という方
程式の多数の束によって覆われたドイツ型資格社会がある．大卒の場合，所
定の学部・分野の教科を履修し，それに相応した職業資格試験ないしディー
プロム（Diplom）試験に合格し，あわせて一定の職業実習を経ることによって
大学を卒業する．いわば就職する際はその道の「エキスパート」になっている.
そこが日本の場合とは好対照をなしている．それはドイツの場合，非大卒でも
同様である．大卒の専門職は，同一世代の1%程度という少数者集団であり，
圧倒的多数を占めるのは非大卒の社会層である[23].

　　かつて手工業における伝統的な職業技能の養成制度では，マイスター
（Meister，親方）のもと，徒弟が営業に必要な技能を身につける教育・技能訓

23　望田幸男「近代ドイツ＝資格社会の『下方展開』と問題状況」望田幸男編『近代ドイツ＝資格
社会の展開』名古屋大学出版会，1頁（2003）.

練を受けるものだった．それに対して，企業では OJT（on the job training）方式であり，20 世紀に入った頃から大企業は一貫して，自らが発展させてきた企業内の技能認定を，ドイツ社会に認めさせる努力をした．1969 年，職業教育法にまとめられ，1978 年には連邦レベルでの統一的なマイスター制度が定められた[24]．その後の状況が，つぎのように伝えられている．

　　職人の技を次代に伝え，ドイツの手工業を支えてきたマイスター制度が，欧州連合（EU）から「参入規制だ」と批判が飛び，雇用の増加・人材の流動化を阻んでいると政府は見る．
　　マイスター制度を定める手工業法は，これまで 94 業種について開業にあたってマイスターの資格を義務づけていた．政府は，この業種数の削減を図り，2004 年 1 月に施行した新法で開業に資格が必要な業種は，41（大工，石材加工，家具製造，ベーカリー，食肉加工，眼鏡技師，理髪師など）に減った．新法で資格が必要なくなった業種は，53（時計製造，金銀細工，靴製造，ビール醸造，オルガン製作，バイオリン製作など）である．当初，29 業種までの削減を図った政府側はさらなる絞り込みを狙う．ドイツの独禁当局は「資格が必要との規制は完全になくすべきだ」（独占委員会）との見解を表明している[25]．

　　しかし，だからといって，ドイツ社会やドイツ企業がこの職業資格システムを全面的に放棄すべきだという議論は見受けられない．むしろ職業資格そのものは保ったまま，その定義や運用をいかに柔軟化し，より流動化するかという方向で，ドイツ社会も企業も現実の新しい変化に対処しようとしているように見える[26]．

　科学技術は，未知の先にさらなる未知が広がる世界である．技術業には常に新しい職務が現れる．実情に即した変容が必要ということだろう．

7.4　技術者資格の国際間相互承認

　技術者の仕事は，科学技術の知識の応用という普遍性のある能力の利用だから，国境を越えて世界のどの地域でも仕事をすることができる．
技術者の国際間の流動化
技術者の国際間の流動化を高める動きは，WTO（World Trade Organiza-

24　田中洋子「大企業における資格制度とその機能」望田編，前出 17 頁．
25　朝日新聞，2004 年 11 月 25 日夕刊 1 面「マイスターたそがれ」．
26　田中，前出 45 頁．

tion，世界貿易機関）のサービス貿易における専門職サービス（professional service）の流動化促進の一環である（後出 228 頁参照）．流動化は，国際間の合意が基本となる．欧州は，共通の技術者資格ユーロエンジニア（Eur Ing）を1987 年から運用しており，米州は，NAFTA（北米自由貿易協定）[*]のもとで1995 年，プロフェッショナル・エンジニア資格の相互承認の協定を結んだ．

APEC エンジニア

APEC（アジア太平洋経済協力，後出 229 頁参照）[**]において，1995 年 11 月，大阪での APEC 首脳会議の合意（表 7.3 参照）により，共通の技術者資格として APEC エンジニアが創設された．2000 年 11 月から APEC エンジニアの登録が始まり，現在，14 エコノミー[27]が参加している．

APEC エンジニアになるための要件
① 認定または承認されたエンジニアリング課程を修了していること，またはそれと同等のものと認められていること．
② 自己の判断で業務を遂行する能力があると当該エコノミーの機関に認められていること．
③ エンジニアリング課程修了後，7 年間以上の実務経験を有していること．
④ 少なくとも 2 年間の重要なエンジニアリング業務の責任ある立場での経験を有していること．
⑤ 継続的な専門能力開発（CPD）を満足すべきレベルで維持していること．

日本には，日本 APEC エンジニア・モニタリング委員会（日本技術士会内）があり，日本技術士会は，技術士について 11 分野[28]での審査・登録を行っている．

技術者資格の相互承認の制度は，たとえば，日本で APEC エンジニアの登録をすれば直ちに米国で PE として業務ができるのではなく，免許に必要な技術的能力の審査を互いに免除するなどの，二国間の相互免除協定を必要とする．日本は 2004 年，オーストラリアとの間で，オーストラリアの資格と日本の技術士との間の相互免除が認められた．

27　APEC に加盟している国と経済主体をエコノミーという．当初の 7 エコノミー（日本，オーストラリア，カナダ，中国香港，韓国，マレーシア，ニュージーランド）に，その後，7 エコノミー（インドネシア，フィリピン，米国，タイ，シンガポール，チャイニーズ・タイペイ，ロシア）が加盟．

28　11 分野は，Civil, Structural, Geotechnical, Environmental, Mechanical, Electrical, Industrial, Mining, Chemical, Information, および Bio.

* North American Free Trade Agreement

** Asia Pacific Economic Cooperation

IPEA 国際エンジニア

1995 年, ワシントン協定に加盟している技術者団体が, エンジニアリング課程の相互承認のみでは, 技術者の国際的な移動の促進に不十分であるとして, 高い実務能力を備えている技術者のレベル（full professional level）での相互承認を図ったもので, 技術者流動化フォーラム（EMF, Engineers Mobility Forum）の枠組みを設立し, 名称を「EMF 国際エンジニア」とした. APEC と違って, 非政府の活動であり, 日本の日本技術士会を含む 15 エコノミーの団体が参加している. 2013 年に EMF 定款が, 国際エンジニアリング連合（IEA）[29]のもとで再編成されたのに伴い, 和文名称が「IPEA 国際エンジニア」に変更された.

技術者の国際協力

日本技術士会は 1971 年以来, 韓国技術士会と毎年 1 回, 日本と韓国で交互に会議を開催し, 両国の親善と技術交流の緊密化を図っている. このように国際間の技術者の対話と協力の場が育つことが期待される.

7.5 まとめ

プロフェッショナル・エンジニア（PE）制度の団体自治型, 国家規制型, 人材養成型の比較は, 科学技術にどのように適切な対応をするかなど, 日本の技術士制度の在り方について考えさせるものがある. ドイツ職業資格の状況が示唆するように, 職業資格は社会の要請に応じて変容し進化するものである.

29　国際エンジニアリング連合（IEA : International Engineering Alliance）は, エンジニアリング教育認定の 3 協定（Washington Accord, Sydney Accord, Dublin Accord）と専門職資格認定の 3 枠組（APEC Engineer, IPEA, IETA）による共同事務局の設置, 各総会の同時期開催等に関する合意. この合意にもとづく体制を IEA と称し, 共通する課題, 個別の課題について議論を行っている. 現在, 共同事務局はニュージーランド技術者協会（IPENZ）が担当. 以上, 日本技術士会「日本技術士会 概要」（2015）による.

長く続いている社会にはすべて、その社会の継続
の中心をなしている共有の文化があり、そこには、
その社会の構成員が受入れて、従っている一定の共
有の価値観がある。

　人々が、どのように行為すべきかについての意識
を共有し、礼儀正しさを受け入れ、そして隣人を思
・・
いやることは、望ましい社会秩序にとって必要なこ
とである。

ヴェジリンド＆ガン著、日本技術士会　環境部会　訳
編『環境と科学技術者の倫理』（丸善　二〇〇〇年）
六七頁。
＊「思いやり」の原語は care であり、法律家はこれ
を「注意」とする。

第8章　事故責任の法の仕組み

　技術者は，その業務のどこかで製造物にかかわる．本章と次章で，製造物の「欠陥」をめぐる法・倫理・科学技術について考える．

8.1　注意・過失・欠陥

「注意」と「思いやり」

　自動車を運転して，交差点にさしかかるとしよう．道路交通法は，その際に「注意」する義務を定めている（表8.1）．

表8.1　道路交通法——交差点における他の車両等との関係等

第36条4項　車両等は，交差点に入ろうとし，および交差点内を通行するときは，当該交差点の状況に応じ，交差道路を通行する車両等，反対方向から進行してきて右折する車両等および当該交差点またはその直近で道路を横断する歩行者に特に注意し，かつ，できる限り安全な速度と方法で進行しなければならない．

　車両が走行するには，「運転者」という人が運転する．それなら，条文の主語は「車両等の運転者」でなくてならないのに，人が忘れられているのは，道路交通法が立法された1960年当時の感覚だろうか．

　いま一度，自動車を運転して交差点に近づくとしよう．向こうの交差点で，歩行者の信号が赤なのに渡ろうとしている人がいる．思わずブレーキを踏むだろう．その時，運転している人の心情は，人への「思いやり」ではないか．自動車が歩行者にぶつかれば，自動車は強く，人は弱くて，傷つけられる．それは誰でも知っている．車を運転する人は，道路交通法の用語は「注意」だけれど，「思いやり」の心をもつというのがふさわしい．英語では「ケア（care）」という語が，法の領域では「注意」という日本語になっているのだが，人を尊重する倫理では，「思いやり」がふさわしい．

　本章のテーマである事故責任のことが発達したのは法の領域だから，ここからは，法と倫理の両方に，「注意」の語を用いることにする．

人の五感（意識）

　「注意」をするには，そうする「意思」[1]がある．

1　法の領域では「意思」といい，一般に，より強いものを「意志」と呼んでいる．

みそ汁をつくるとき，おいしいみそ汁をつくる意思があって，みそをサジでとって目分量で入れる．スケールで計って入れるにも，目盛りを読むのは五感のうちの視覚である．しょっぱいかどうか，五感のうちの味覚で感知しながら，みそ汁がしょっぱくならないよう注意する．そこに意思の働きがある．五感という感覚（sense）は，意識（sense）でもある．

　法の領域で「人」というとき，自然人（生物としての人）と法人とがある（前出 35 頁参照）．五感という感覚は，法人にはない．

　人は，ひたいに手を当てて熱があるかどうか，五感で感知できる．それを体温計といった計器を用いて計る．科学技術の発達は，自然人の五感の一部を，電気・電子，機械などの検出機能によって置き換え，自然人の注意の一部を，コンピュータを含む自動制御の機能によって置き換えるようになった．置き換えられるのは一部であって，前後には自然人の五感と注意の働きがある．

注意義務

　人は行為をするとき，注意を働かせる（「注意を用いる」ともいう）義務，すなわち「注意義務」（duty of care）を負う．

　注意義務を果たすことは，つぎのように考えられている．

① まず，注意を働かせて状況を認識する（＝状況認識の注意義務を果たす）．そこで，
② その行為が他人に損害を与える結果になるかもしれないことが予見できれば，注意を働かせて，その結果を回避するように行為する（＝結果回避の注意義務を果たす）．

　自動車を運転して交差点に入る状況に，これを当てはめよう（表 8.2）．
　技術者が技術業に従事する際，これと同じ趣旨の義務を負うのである．

過　失

　注意義務を負う人が，注意を用いないこと，不注意であること，注意を怠ること（negligence）は，過失（fault）とされる．過失とは何かを一言でいうと，

・なすべき注意を怠ること
・予見可能であるのに，不注意で予見しないこと
・回避可能であるのに，不注意で回避しないこと

　このような過失は，人間生活のあらゆる面にありうる．

表8.2　交差点での「注意」

道路交通法	注意義務
①当該交差点の状況に応じ，交差道路を通行する車両等，反対方向から進行してきて右折する車両等および当該交差点またはその直近で道路を横断する歩行者に特に注意し	状況認識の注意義務を果たす
②できる限り安全な速度と方法で進行しなければならない	結果回避の注意義務を果たす

注意・過失・欠陥

「注意」「過失」と，製造物の「欠陥」は，一般にはつぎの関係にある．

　　十分に「注意」すれば　→　「過失」はなく　→　「欠陥」は生じない

　いいかえれば，注意を怠ることは，過失があり，欠陥が生じることになる．そうすると，注意・過失・欠陥の三つの間には，一定の関係があるはずだ（図8.1）[2]．ある製造物が事故を起こしたとき，つぎの三つの表現は同じことを言っている．

　　・製造物の欠陥が，事故の原因である．
　　・不注意が，事故の原因である．
　　・過失が，事故の原因である．

　故意とは結果発生を認識し容認していること，過失とは結果発生を認識すべきであったにもかかわらず認識しなかったことをいう．過失行為者の責任を問うには，その前提として行為者自身が損害の発生という結果を予測できること（予見可能性）が求められる．

　　ヨコ軸上で，用いる注意がゼロのとき過失は最大（＝1.0）になり，タテ軸上で，欠陥が生じる確率は最大（＝1.0）になる．用いる注意が最大（＝1.0）のとき，過失はゼロに，欠陥が生じる確率は最小（＝a）になる．（aは，管理できない偶然原因の要素による欠陥である．）

図8.1　「過失」「注意」「欠陥」の関係[2]

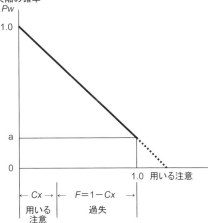

2　杉本泰治『日本のPL法を考える』地人書館，123頁（2000）.

　しかし，科学技術者は，現時点で最高の科学水準で可能なことしかできない．また，十分，注意を払ったとしても，失敗を生じてきたのが科学技術の歴史である．

　日本では，十分注意すればミスは防げると考えられているが，「人は過ちを犯し，機械は壊れる」がグローバルな認識である．昔からいわれたように，失敗は成功の母である．どの社会やどんな職業においても，失敗をしない人はいない．

　JR福知山線の脱線事故後，国土交通省は，平成18年4月「公共交通に係わるヒューマンエラー事故防止対策検討委員会最終とりまとめ」を発表した．

> 　従来，事故やトラブルが発生すると，エラーを犯した人間の不注意（ミス）のみがあげつらわれる傾向があるが，不注意は災害の原因ではなく結果である．なぜエラーを犯した人間がそういう不注意を招いたかの背後関係を調べることが重要である．（「事故不注意論の克服」）
>
> 　その際，人間のミスを，Man（人間），Machine（機械），Media（環境），Management（管理）の4M，あるいはMission（使命）を加えた5Mの複合原因と捉えて，事故分析を行うことが必要である．このようなシステム全体を捉えるアプローチをとらないと，「ヒューマンエラー」を単なる失敗と同一視して，エラーを犯した人間だけをどう改善するかということが問題視され，エラー防止に有効なシステム改善がなされないで終わる危険がある．

　日本学術会議は，平成17年6月23日「事故調査体制の在り方」を提言している．

> 　注意すれば規範から外れる行為を抑止できたのか，不注意として直近の当事者を処罰するのが正当なのかという議論が常に存在する．過重労働を課せられ，疲労から不注意状態となり，事故を起こした当事者を処罰しても，事故の再発防止にはつながらず，また，市民感情も癒されることはないだろう．このような場合には，当事者は通常の努力を超える注意を課せられた状況であるから，ヒューマンエラーを起こされてしまったというべきである．
>
> 　事故の再発防止の観点からいえば，当事者の口を通じて，この事故の背後の状況に関する説明を得て，事故の真の原因を見出し，それに対する対策を講じることが強く望まれる．
>
> 　ヒューマンエラーを起こす人間を処罰するだけではヒューマンエラーは減らないという考えのもとに，刑法の責任追及を，実行当事者を対象とする考え方から，当事者にそのような行為をもたらした真の原因や誘因を見出し，その点での対応を取るべきである．

　　事故原因の究明のためには，技術的な面以外に，人間や組織の関与，つまりヒューマンファクターの解明を行うことが不可欠である．したがって，事故の真の原因を探り，再発防止の教訓を引き出すためには，事故当事者の証言をいかに的確に得るかが重要な課題となる．

　　事故調査においては，個人の責任追及を目的としないという立場を明確に確立することが重要であり，この立場のもとに調査を行えば，真相究明が容易となり，類似事故の再発防止，安全向上にとって貴重な事実が明らかになることが期待される．

　この二つは，技術者にとって極めて重要な提言である．技術者は，事故の原因を安易に人間のミスとするのではなく，製品や技術を開発・設計するにあたって，「人間のミスは起こり得る」もので，仮にミスが生じたとしても，それが重大事故に至らないように配慮する必要がある．

　技術者はシステム，組織の関与など，事故の要因分析も十分配慮して，製品や技術の開発に努める必要がある．社会も，被害結果の重大性のみで，短絡的に過失責任を問うことのないように配慮することが求められる．

8.2　職務と注意義務

職務の区分

　会社など企業は，階層組織（前出 36 頁参照）からなる．頂点にいる社長など経営幹部の職務は，現場に自分が常に張り付いていることではなくて，業務執行に必要な組織を編成し技術者などの人を配置することにある．そうして配置された人が割り当てられた職務を遂行する．すなわち，

　　① 経営幹部が適切に人を選任し，配置し，かつそれを適切に監督する．
　　② 配置された技術者が割り当てられた職務を適切に遂行する．

　ある企業のある事業に，技師長，主任技師，技師という階層組織があって（図8.2），それぞれの職務が決められているとしよう．

　ある日，主任技師 X が急病で欠席するとか，休暇で 1 週間の休みをとる．

　その場合の主任技師 X の職務は，技師長が指図して埋める．その指図から漏れたことがあれば，放置して関わらなくともよいのではなくて，同僚の主任技師 Y や部下の技師 A，B は自主的に状況を判断し，技師長の了解を得てから実施する．

組織のなかの注意義務

　階層組織は，固定的な職務の区分に見えながら，実際には，事業のなかで日々変動する動的な実務があって，それを実情に合わせて配分するための形式である．実際に遂行することになるのは，日々変

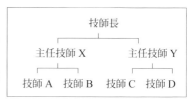

図8.2　階層組織

動する動的な職務であって，いつ何どき，何が起きるかわからない．起きたらすぐに対応するためには，絶えず注意していなければならない．技術者は自分の職務の周辺で，そういう注意義務（duty of care）を負う．

　ある職務についた技術者（たとえば図8.2の技師A）が，自分一人で判断する状況に置かれたとしよう．そのとき，つぎのことに注意する義務がある．

　　イ　自分の職務として割り当てられている業務
　　ロ　目前にあることが自分の業務であるかどうかの判断
　　ハ　通常は自分の業務ではなくても，緊急の場合，自分にできる業務

業務上の過失

　経営者も，その業務執行のもとで働く技術者も，職務とする業務に従事するについて注意義務を怠ることは，業務上の過失とされる（後出）．

安全配慮義務

　「労働災害の防止は事業者の責任である」という場合，その根拠は，第一は倫理的責任である．労働者本人はもとより企業にとってもかけがえのない人材の生命，身体，健康が損なわれないようにすることが事業者の当然の責務である．第二は法的責任で，労働安全衛生法に記載された事業者の責任である．その中心をなすのが安全配慮義務である．

　これは，最高裁判所の判例（昭和50年2月25日第三小法廷判決）により定まった概念である．したがって，この義務には具体的な明文の根拠はない．なお，労働関係における安全配慮義務については，2008年施行の労働契約法において，労働契約上の付随的義務として当然に，使用者が義務を追うことが明示された．

8.3　事故責任の法

事故の責任

　人が他人に損害を与えた場合，法的責任と倫理的責任とがある．

事故（あるいは不祥事）が起き新聞やテレビの報道に，必ずといってよいほど登場する法がある．事後の責任追及の法（刑法・民法）と，事前に事故を抑止する法（規制法令）とに大別される（図8.3）．実際の適用では，法的責任が問われる場合と，法的責任があるとみられても問われない場合とがある．

図8.3 事故の法的・倫理的な責任

ここからの説明に用いる法律を一覧表に示す（次々頁，表8.3）．

事後の責任追及の法

（1）　業務上過失致死傷罪（刑法211条．条文は表8.3）

加害者に対して，禁固・懲役または罰金という刑罰を科す．「必要な注意を怠り」は「過失」を意味する．法人にこの罪はない（法人を禁固・懲役にはできない）．

事故の起因源として，勘違い，操作の誤り，配慮不足などという形で人間が関与している場合，その人間は当然処罰すべきであるという市民感情が生じる．すなわち，業務従事者は業務に係わる高度な知識や技術を有し，かつ，他に対する損害を与えることなく，常に必要な注意を払いながら業務にあたることが期待されることから，その期待に反する行為がなされ，現に被害が生じているならば，当然処罰すべきと考えられがちである．

「責任追及があるという緊張感により過失を少なくする効果がある」，「責任追及により被害者感情が癒されることや，社会の沈静化が期待できる」という考え方であるが，一方では，当事者の注意だけでは回避できなかった事故があまりにも多いのが現実である．

中尾政之が「失敗知識データベース」に記載された事故事例の原因を分析した結果，事故の94％は技術者個人の判断によって起きており，ヒューマンエラーに起因する事故は約4割である．

技術者が自らの専門分野で技術的に最善を尽くす判断と行動をとっていることが前提であるが，被害結果の重大性のみで，短絡的に過失責任が問われることのないような配慮が必要である．

（2）　**不法行為法**（民法709条以下．第709条の条文は表8.3）

不法行為は，故意または過失によって，他人の権利・利益を侵害した場合にその賠償責任義務を負うことで，契約責任のように特定の法律関係にある者の間にのみ生じるのではなく，特定の法律関係にない者との間においても一定の要件のもとに生じうる．

不法行為の成立要件は，予見可能性があったにもかかわらず，損害発生という結果を回避すべき義務を怠ったことを意味する．この場合，被害者（原告）が，加害者（被告）の故意・過失行為のあったことを立証する責任を負う過失責任主義を取っている．

（3）　**製造物責任（PL）法**（第3条の条文は表8.3．全文は本章末参照）

不法行為法では，被害者が損害賠償を請求するには，①受けた損害，②加害者の過失，③損害はその過失によるものだったという因果関係，の3点の立証を必要とする．一般には，被害者が加害者の過失を立証することは容易なことではない．科学技術が高度化し，製造工程や製造物がブラックボックス化した状況ではさらに困難である．

米国で，1932年のバクスター事件に始まり，1962年のグリーンマン事件で，製造物の「欠陥」が立証されれば，「過失」の有無を問わないで製造業者に損害賠償責任を課すという，厳格責任の製造物責任（PL, product liability）法が登場した．製造物の「欠陥」は，事故を起こした製造物を検査などすればわかるから，「過失」よりも立証が容易である．日本でも，同じ趣旨のPL法が1995（平成7）年に施行された．

PL法のポイント

①　**厳格責任**　被害者は，製造物の欠陥によって損害が生じたことを立証できれば，加害者の過失があってもなくても，損害賠償を請求できる．

②　**保証期間**　PL法の保証期限は10年であるが，実際にはその保証期限を過ぎても損害請求されることがある．その際に適切な対応を怠れば，企業イメージを大きく損なうことになる．しかし，長期にわたる製品保証は，長期にわたる部品・原材料の確保などが必要となり，結局は製品価格に跳ね返り，最終的には利用者（消費者）がそのコストを負担することになる．技術者は保証期間と価格との関係を消費者に説明し，合意を形成することが必要になる．

③　**開発危険の免責**　新たに開発する物質・技術が持っている潜在リスクを，開発時点で，すべてを見通すことは困難である．そこで開発時点における最

表 8.3 事故責任の法律一覧

●事後の責任追及の法 《刑事法：刑罰》
（1） 業務上過失致死傷罪（刑法［明治 40 年法律 45 号］）211 条 2006 年改正

> 業務上必要な注意を怠り，
> よって人を死傷させた者は，
> 5 年以下の懲役もしくは禁固または 100 万円以下の罰金に処する．

●事後の責任追及の法 《民事法：損害賠償》
（2） 不法行為法（民法［明治 29 年法律 89 号］）709 条 2004 年改正で現代語化
　　　＜不法行為法とは，この民法 709 条から 724 条までの規定をいう＞

> 故意または過失によって
> 他人の権利または法律上保護される利益を侵害した者は，
> これによって生じた損害を賠償する責任を負う．

（3） 製造物責任（PL）法（平成 6 年法律 85 号）3 条 2020 年改正
　　　＜製造物責任法や，下記の国家賠償法は，不法行為の特別法＞

> 製造業者等は，……その引き渡した製造物の欠陥により
> 他人の生命，身体または財産を侵害したときは，
> これによって生じた損害を賠償する責めに任ずる．

（4）使用者の責任 （不法行為法の民法 715 条） 2004 年改正で現代語化

> ①ある事業のために他人を使用する者は，被用者がその事業の執行について第三者に加えた損害を賠償する責任を負う．ただし，使用者が被用者の選任およびその事業の監督について相当の注意をしたとき，または相当の注意をしても損害が生ずべきであったときはこの限りでない．
> ②使用者に代わって事業を監督する者も，前項の責任を負う．
> ③前 2 項の規定は，使用者または監督者から被用者に対する求償権の行使を妨げない．

（5） 国家賠償法（昭和 22 年法律 125 号）1 条 　〈不法行為の特別法〉

> ①国または公共団体の公権力の行使に当る公務員が，その職務を行うについて，故意または過失によって違法に他人に損害を加えたときは，国または公共団体が，これを賠償する責に任ずる．
> ②（求償権＝省略）

●事前に事故を抑止し，違反を是正する法 《規制法令》
（6） 食品衛生法（昭和 22 年法律 46 号） 2018 年改正

> 第 1 条（目的）
> 　この法律は，食品の安全性の確保のために公衆衛生の見地から必要な規制その他の措置を講ずることにより，飲食に起因する衛生上の危害の発生を防止し，もつて国民の健康の保護を図ることを目的とする．
> 第 13 条（基準・規格の設定）
> ①厚生労働大臣は，公衆衛生の見地から，薬事・食品衛生審議会の意見を聴いて，販売の用に供する食品もしくは添加物の，製造，加工，使用，調理もしくは保存の方法につき基準を定め，または……成分につき規格を定めることができる．
> ②前項の規定により基準または規格が定められたときは，その基準に合わない……，またはその規格に合わない……を製造し，輸入し，加工し，使用し，調理し，保存し，もしくは販売してはならない．
> ③（農薬等が残留する食品＝省略）
> 第 54 条（廃棄・除去命令）
> 　厚生労働大臣または都道府県知事は，営業者が……の規定に違反した場合においては，……その食品，添加物，器具もしくは容器包装を廃棄させ，またはその他営業者に対し食品衛生上の危害を除去するために必要な措置をとることを命ずることができる．

高の科学技術水準にもとづいて，予知できなかったリスクは免責される．これは科学技術の発展のために，科学技術者にとって不可欠な条項である．科学技術に完璧がないということを前提に考えれば，この条項がなければ，研究開発者並びに企業の新たな開発意欲を削ぐことになり，結局は社会（消費者）が損をすることになる．これは世界各国の共通認識である．

　　　＜消費者生活用製品安全法＞
　　　重大事故が起きた際には，それを知った製造業者は10日以内に消費者
　　　庁に届け出，消費者庁はそれを直ちに（原則，1週間以内）社会に公表する．

　技術者は公衆の安全，健康，福利に貢献することが最優先される．そのためには製品に不備があればいち早く消費者にそれを知らせることによって，危害拡大を防ぐ責任がある．同時に，製品の不備は直ちに改良に取り掛かり，より良い製品への改良に努める責任がある．

　（4）　使用者の責任（不法行為法の民法715条．条文は表8.3）

　従業員が与えた損害の賠償責任は会社が負う（第1項），という趣旨である．会社のトラックの運転手が交通事故を起こした場合を想像するとよい．代表取締役，社長なども会社と同じ責任を負う（第2項）．支払者は事故を起こした従業員に対し，弁償を求めることができる（第3項）．

　（5）　国家賠償法（第1条の条文は表8.3）

　民法715条の国・公共団体版である．公務員が違法に他人に損害を加えたときは，国・公共団体が賠償責任を負う．715条と違って，「違法に」の条件がある．

事前に事故を抑止し，違反を是正する法

　規制法令は，行政庁が，国民の安全，健康あるいは福利を図ることを目的として行う規制行政の根拠となる法である．刑事法，民事法が事後の制裁の法であるのと異なり，事前に事故の抑止を図り，あわせて違反に対する是正をする．業種別などに多くの種類があるが，規制法令に共通するのは，①規制の目的，②所管の行政庁，③その権限，を定める規定をもつことである．

　（6）　食品衛生法（第1，第13，第54条の条文は表8.3）

　食品についての規制法令である．

　第1条は，規制の目的を定める．第13条は，所管の行政庁を厚生労働大臣と定め，事故を事前に抑止する措置についての権限を授ける．厚生労働大臣は，この権限によって「食品・添加物等の規格・基準」などを定める．

　第54条は，同様に，所管の行政庁を厚生労働大臣または都道府県知事（保健所を所管する）と定め，違法行為や起きた事故の是正のために，ここに規定された措置をとる権限を授けている．

8.4　訴訟と立証責任

刑事，民事の裁判

　刑法の業務上過失致死傷罪を適用して，加害者の責任を追求するには，刑事訴訟（刑事裁判）を必要とする．検察官が，加害者を被告人として，裁判所へ起訴状を提出して，起訴する（＝公訴を提起する．図8.4，上段）．この場合，被害者の告訴がなくても，捜査の結果から判断して起訴する．名誉棄損罪などは，親告罪とされ，告訴がなければ公訴を提起することができない．

　被害者が加害者に対し損害賠償を請求するには，民法の不法行為法，製造物責任（PL）法，国家賠償法などが根拠となる．両者が話し合いで決着するのが和解である．そうでなければ，被害者が原告となり，加害者を被告として裁判所へ訴状を提出して，訴訟を提起する（図8.4，下段）．

　刑事訴訟の手続きは刑事訴訟法に，民事訴訟の手続きは民事訴訟法に定められているが，原理は同じなので，以下，民事訴訟について述べる．

自由心証主義

　訴訟の勝敗は，いかにして相手方よりも有力な証拠を，より多く収集し，これを，裁判官に，より説得的にプレゼンテーションするかにかかっている[3]．

　原告が，自分の言い分を主張し，それを裏づける事実についての証拠を提出して証明する．被告がそれに不服なら，自分の言い分を主張して反論し，

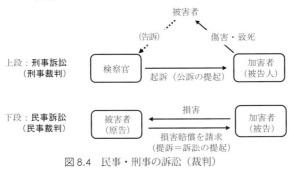

図8.4　民事・刑事の訴訟（裁判）

3　新堂幸司『民事訴訟法（第五版）』筑摩書房, 565 頁（2011）.

それを裏づける事実についての証拠を提出して証明する．この当事者の努力を，証明（または立証，挙証）という．

　裁判官の心理からみると，資料の収集整理につれて，その事実が存在したとの判断に近づいたり，存在しなかったとの判断に向かったりする心理の動きを経て，しだいにどちらかに傾き，ついにその判断に確信をもつ状態になる．このように動的にとらえた裁判官の事実についての判断を心証という．心証の形成を，もっぱら裁判官の自由な選択にまかせるたてまえを，自由心証主義という[4]．現代の裁判は，民事も刑事も，自由心証主義によっている．

心証の証明度

　裁判官の心証の形成のプロセスを，図で説明する（図8.5）．

　立証する責任を負っている者が事実を証明するための証拠が「本証」，それを否認する相手方が提出する証拠が「反証」である[5]．

　原告が本証を提出すると，裁判官の心理のうちで，ある程度の証明度[6]に達し，そこへ反証が提出され，証明度が下がる．追加の本証で証明度が上がり，それに対する反証で再び下がり，裁判官がたとえば証明度80%[7]を超える心証を得ると，そこで原告の主張を支持すべきことを確信し，原告勝訴の判決となる．

　法学では，裁判官の心証の形成などと難解な言い方をするが，われわれは，たとえば，あるモノを買うかどうか，それが魅力あるモノであることを売手が立証し，買手はそれを聞きながら，あれこれ質問（つまり反証）をするうちに，心証が買うほうへ傾く．その過程は自由心証主義にほかならない．

　裁判での証拠の信頼性を，米国では三つのレベルに分類している[8]．

立証責任

　裁判に引き分けはなく，勝つか負けるか，である．裁判は社会的正義の実現を目指すものだが，実際の手続きは，双方の立証によって裁判官の心証が

4　新堂，前出594頁．

5　同上，前出577頁．

6　太田勝造『法律　社会科学の理論とモデル7』東京大学出版会，93頁（2000）：現実の裁判において，「一点の曇りもない100%の確実性」をもって，当事者間で争われた事実関係を解明することは，ほとんど常に不可能である．したがって，一定以上ないし一定以下の確実性（確率判断）に至れば，残存する不確実性を強権的に無視して100%の真（ないし，0%の真，すなわち偽）と見なす必要がある．このような真偽決定の分岐点（閾値）のことを法律の分野では「証明度」と呼ぶ．

7　「証明度」は「高度の蓋然性」とされ，数値化すれば，民事訴訟では80%程度であるとされ，刑事訴訟では「95%とか90%とか99%」であるといわれている．太田，同上69頁．

8　名和小太郎『雲を盗む―法廷に立たされた現代技術』朝日新聞社，125頁（1995）：低いほうから「証拠の優越」「明白かつ確信を抱くに足る証明」「合理的な疑いの余地なく」という順になる．「証拠の優越」基準は「証拠の証明力が相手方よりも優越していればよい」ということで，この言葉から誰もが受ける意味は，確率50%以上ということだろう．民事事件では，これで当の事実について「存在する」または「不存在である」と認定できる．

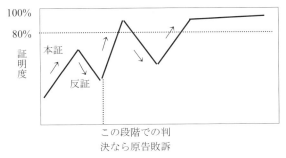

図 8.5　裁判官の心証形成

どちらに傾くかである．立証が不十分なら，正義が実現しないかもしれない．

　当事者の努力や裁判官の能力にも限度があるから，証明度が一定のレベルに達しないで（図8.5参照），ある事実があるともないとも心証が形成できない場合がありうる．裁判をしないで放置するわけにはいかないので，裁判を可能にするために，その事実は存在しなかったものと扱う．その結果，その事実があると主張しながら立証できなかったほうが，敗訴の不利益を負わされる．その危険または不利益を立証責任（挙証責任，burden of proof）という[9]．

8.5　まとめ

　科学技術には完璧がなく，失敗の積み重ねの上に発展してきた．一方，科学技術者に求められることは，公衆の安全，健康，福利を最優先に判断・行動することである．

　このジレンマの中で，科学技術者に求められることは，正直かつ誠実な存在として，「技術的にはどこまでができていて，どこまでができていないか」について社会への説明責任を果たすことである．

　技術者には，法的責任に問われないとしても，倫理的にはもっと広範な責任がある．

　その際に，日本では過失も故意と同様に刑事罰に問われているが，事故の再発防止を図るために，背景要因を解明し，根本原因に対する対策を講じることが重要である．

9　新堂，前出 602 頁．

付録　技術者のための PL 法ガイド

　PL 法の条文と，科学技術および技術者倫理の観点からの要点を示す．PL 法は，わずか6カ条が明せきな文章で書かれている．まず，条文をよく読むこと．そうすれば，法律の構造や趣旨がわかってくる．

製造物責任法

平成6（1994）年7月1日公布 法律第85号
平成7（1995）年7月1日施行
令和2（2020）年4月1日施行

　1994 年に公布され，1年後の同じ日に施行され効力を生じた．不法行為法（民法 709 条）が一般法で，PL 法が特別法という関係にあり，PL 法が適用できない場合も，不法行為法の適用がありうる．

（目的）

第1条　この法律は，製造物の欠陥により人の生命，身体又は財産に係る被害が生じた場合における製造業者等の損害賠償の責任について定めることにより，被害者の保護を図り，もって国民生活の安定向上と国民経済の健全な発展に寄与することを目的とする．

　損害賠償は，元来，当事者である製造業者と被害者との間の個人的な問題だが，この法律は，国民生活・国民経済に寄与することを目的とする，という社会的意義がある．製造業者等への懲罰的非難を目的としない．

　科学技術の発展とともに，製造工程や製造物が複雑になってブラックボックス化し，さらに大量生産・大量消費によって被害が拡大する．百年前の民法 709 条の制定時とは異なる社会的背景が，この法律を必要とした．

（定義）

第2条①　この法律において「製造物」とは，製造又は加工された動産をいう．

　「製造物とは…動産をいう」ので，不動産は PL 法の対象とならないとされ，さらに，「物とは有体物をいう」（民法 85 条）ので，電気やソフトウェアなどは対象とならないと解されているが，この形式的解釈は疑問である．百年前には予想されなかった製造物が現れている現代，法と科学技術の両面から研究の余地がある．

②　この法律において「欠陥」とは，当該製造物の特性，その通常予見される使用形態，その製造業者等が当該製造物を引き渡した時期その他の当該製造物に係る事情を考慮して，当該製造物が通常有すべき安全性を欠いていることをいう．

「欠陥」の定義である．分かち書きするとわかりやすい：

「欠陥」とは，つぎの A ～ D を考慮して，当該製造物が通常有すべき安全性を欠いていることをいう．
　A　当該製造物の特性
　B　通常予見される使用形態
　C　製造業者等が…引き渡した時期
　D　その他の当該製造物に係る事情
　このうち A は，科学技術が直接に関係することであり，B は，よく知られた「予見可能な使用形態」基準に加えて，現在では，「合理的に予見可能な誤使用」が基準になるものと解される．

③　この法律において「製造業者等」とは，次のいずれかに該当する者をいう．
　1　当該製造物を業として製造，加工又は輸入した者（以下単に「製造業者」という．）
　2　自ら当該製造物の製造業者として当該製造物にその氏名，商号，商標その他の表示（以下「氏名等の表示」という．）をした者又は当該製造物にその製造業者と誤認させるような氏名等の表示をした者
　3　前号に掲げる者のほか，当該製造物の製造，加工，輸入又は販売に係る形態その他の事情から見て，当該製造物にその実質的な製造業者と認めることができる氏名等の表示をした者

第 1 号では，製造業者は，氏名等の表示をしていなくても，本法による責任を負う．

第 2，第 3 号は，実際には製造業者でなくても，氏名等の表示をした者である．

（製造物責任）
第 3 条　製造業者等は，その製造，加工，輸入又は前条第 3 項第 2 号若しくは第 3 号の氏名等の表示をした製造物であっ

この法律の中心的な規定であり，本文で，不法行為法（民法 709 条）と比較して説明した．この規定は，被害者が損賠賠償を請求するには，

て，その引き渡したものの欠陥により他人の生命，身体又は財産を侵害したときは，これによって生じた損害を賠償する責めに任ずる．ただし，その損害が当該製造物についてのみ生じたときは，この限りでない．

（免責事由）

第4条　前条の場合において，製造業者等は，次の各号に掲げる事項を証明したときは，同条に規定する賠償の責めに任じない．

　　1　当該製造物をその製造業者等が引き渡した時における科学又は技術に関する知見によっては，当該製造物にその欠陥があることを認識することができなかったこと．

　　2　当該製造物が他の製造物の部品又は原材料として使用された場合において，その欠陥が専ら当該他の製造物の製造業者が行った設計に関する指示に従ったことにより生じ，かつ，その欠陥が生じたことにつき過失がないこと．

（消滅時効）

第5条①　第3条に規定する損害賠償の請求権は，次に掲げる場合には，時効によって消滅する．

　　1　被害者又はその法定代理人が損害及び賠償義務者を知った時から3年間行使しないとき．

　　2　その製造業者等が当該製造物を引

①欠陥の存在，②損害の発生，③欠陥と損害との間の因果関係．の3点の立証責任を負うことを示すものと解される．

　「ただし」書きにより，この法律は，当該製造物以外への拡大損害を対象とする．つまり，買った製品の不良それ自体は，その製品から外へ拡大しない損害であり，代品取り替えや代金返還ですむ．

　第1号は，科学技術に直接に関係する．「引き渡した時…知見」の基準を，法律家は，「入手可能な最高水準の知識」とし，「科学，技術の情報に関する各種の検索システム」で入手できるものと解する．つまり，製造業者は公知文献記載のレベルの注意を払えばよいというのだが，妥当だろうか．法律の知識と違って，科学技術の知識は刻々進化する．

　第2号は，部品・原材料に関する免責を規定している．元請と下請の関係を思い浮かべて読めばわかる．このようにその条文に合致した具体的なケースを頭に描いてシミュレーションすることが理解を助ける．

　時効を3年とする．後段の「10年」は，除斥期間といわれる．時効と異なり，中断がなく，この期間を過ぎると，損害賠償を請求できなくなる．

き渡した時から 10 年を経過したとき.

② 　人の生命又は身体を侵害した場合における損害賠償の請求権の消滅時効についての前項第 1 号の規定の適用については,同号中「3 年間」とあるのは,「5 年間」とする.

③ 　第 1 項第 2 号の期間は,身体に蓄積した場合に人の健康を害することとなる物質による損害又は一定の潜伏期間が経過した後に症状が現れる損害については,その損害が生じた時から起算する.

> 身体に物質が蓄積して健康を害することになる,または,潜伏期間ののち症状が現れる損害については,除斥期間の起算を,損害が生じた時とする. 30 年の潜伏期間があるといわれるアスベスト被害を想起すれば,この規定の重要さがわかる.

（民法の適用）

第 6 条　製造物の欠陥による製造業者等の損害賠償の責任については,この法律の規定によるほか,民法（明治 29 年法律第 89 号）の規定による.

> この法律が,民法のなかの不法行為法（民法 709 条以下）の,特別法であることが,この規定に示されている.

付則抄

（施行期日等）

1 　この法律は,公布の日から起算して 1 年を経過した日から施行し,この法律の施行後にその製造業者等が引き渡した製造物について適用する.

> この規定により,1995 年 7 月 1 日から施行されている. 施行前に引き渡された製造物には,PL 法の適用はなく,不法行為法によることになる.

附則（平成 29 年 6 月 2 日法律第 45 号）

　この法律は,民法改正法の施行の日から施行する. ただし、第 103 条の 2,第 103 条の 3,第 267 条の 2,第 267 条の 3 及び第 362 条の規定は,公布の日から施行する.

> この附則は,民法改正法（民法の一部を改正する法律）の関係法律に,一律に置かれている. 本法の場合,第 5 条（掃滅時効）が改正されていて,民法改正法の施行の日（平成 32［2020］年 4 月 1 日）から施行されている.

以上

道徳は強制によらないで人間社会の理想を実現しようとする規範体系であるのに対して、法律は強制の手段を用いてでも共同生活の秩序を維持しようとする規範体系であるという風に考えて、強制の要素の有無によって両者を区別することができるであろう。

末川　博『法と契約』（岩波書店　一九七〇年）一九七頁。
＊この文章の「道徳」は、おおむね、本書にいう「倫理」に相当している。

第9章　法的責任とモラル責任

　技術者にとって重要なことは，自らが事故の当事者となる可能性を有していることである．事故を第三者としてみるのではなく，もし事故の当事者であったら，「自分はどのように判断・行動するか」を考えながら，事例を研究する必要がある．その際に，前章の法がどのように適用されるかを考えてみたい．

9.1　カネミ油症事件

　50年前に起きたこの事件には，PCB混入事故（本節），被害者の救済（9.2節），法とモラルの境界域（9.3節），さらに新規合成化学物質（9.4節）の問題がある．

(1)　事件の概要

　1968年，食用油（米ぬか油からとった食用ライスオイル：以下米油と略す）の製造工程で過失があり，含まれるはずのない物質（PCB）が混入し，西日本一帯で，吹き出物，内臓疾患を訴える，いわゆる油症患者が続出した．届出患者は1万4千人，認定患者は1983年現在で1,824人にのぼった．

　この事件を起こした会社（カネミ倉庫株式会社）の代表取締役の実姉で，かつ非常勤取締役でもあった加藤八千代氏が，科学者としての立場から，肉親の犯したことが何であったのかを克明に調べて社会に公表した著書[1]がある．実姉であるがゆえに誤解を受けるおそれが十分にある立場だが，それにもかかわらず企業内部に隠されていることを含めて真実を明らかにするという思いのこもった書である．事件の概要を引用させていただく[2]．

> 　1968（昭和43）年6月ごろから，福岡県や長崎県を中心として特異な皮膚症状を訴える患者が多数発生した．同年10月，患者の一人が使用中の米油を大牟田の保健所に届け出て，この米油による中毒事件ではないかと疑いがもたれるに至った．11月に，九州大学油症研究班は，この疾病は北九州市にあるカネミ倉庫㈱が製造販売した米油中に混入した熱媒体PCB（商品名カネクロール400）の摂取によるものであると断定した．
> 　なぜ米油のなかにPCBが混入したかは，九州大学の調査班は同月，

1　加藤八千代『カネミ油症裁判の決着「隠された事実からのメッセージ」増補版』幸書房（1989）.
2　同上，4頁.

6号脱臭缶の加熱コイルのピ
ンホールを発見し，このピン
ホールから脱臭工程中の米油
にPCBが漏出し，工場がそれ
に気付かないままに操業が続
けられた可能性があると結論
した.

　当時，"油症ではないか" と
届け出た患者は1万人以上にの
ぼり，食品中毒事件としては，
稀に見る大事件となった. そう
してこのピンホール説を根拠に
して，刑事裁判と民事裁判が開
始されることになった.

　油症が発見される半年前の
2月から3月初旬にかけて発生
したダーク油事件は，カネミの

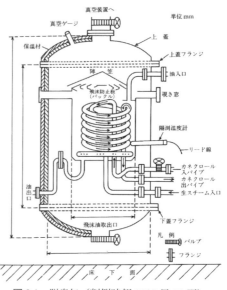

図9.1　脱臭缶（判例時報1109号29頁）

製品であるダーク油を配合した飼料によって，西日本各地で約200万羽
の鶏が病気になり，40万羽以上が死ぬという畜産史上稀に見る事件であっ
た. ダーク油とは，食用油を製造する際，脱酸工程において副生するフー
ツ（石鹸分）を硫酸で分解して得られた粗脂肪酸であり，黒い色をしてい
るのでそのように呼ばれ，鶏の飼料の配合原料用に使われていた[3].

　事件の経緯を，表9.1にまとめる.

（2）　PCBの混入原因

　米油を脱臭するために，熱媒であるPCBは脱臭缶（図9.1）の蛇管の中を循環
し米油を加熱していた. 米油中の揮発成分は，加熱されて蒸発し，上部の陣笠に
よって捕集され，飛沫油となる. この蛇管の改修工事を行った際に工作ミスか，
溶接ミスがあって蛇管に穴があき，PCBが漏れて米油に混入してしまった.

　このPCB混入米油をもう一度脱臭操作を行って出荷したことが問題の発端
である. 会社はPCBが米油中に混入していることを知っていて，米油を再脱
臭し，安全性を確認しないまま出荷した. また，再脱臭で発生した飛沫油はダー

　3　ダーク油にPCBが混入した経路は，脱臭工程で発生する飛沫油，泡などを回収し，ダーク油に
投入していたことによるとみられている.

表9.1 カネミ油症事件の経緯

1968 年 2 月上旬	脱臭操作中に，PCB がパイプから漏れ，米油に混入（約 300kg）
3 月 14 日	鹿児島県畜産課より，ブロイラー団地で，鶏の斃死頻発が報告される．
4 月 2 日	鶏の斃死原因が，「2 月 14 日製造のダーク油」（米油製造の副産物）を使用した飼料と判明
10 月 3 日	大牟田保健所に「油症患者」の届け出がある．
10 月 15 日	米油の販売停止，カネミ倉庫㈱に営業停止命令が出る．
11 月 4 日	九大研究班 米油から 2000 ～ 3000ppm の PCB を検出
1970 年 3 月 24 日	福岡地検「業務上過失傷害罪」でカネミ倉庫㈱の社長，工場長を起訴
1978 年 3 月 24 日	福岡地裁判決 工場長有罪，社長無罪

ク油に混ぜられ，鶏の飼料用として出荷された[4]．

　蛇管の穴については，当初，蛇管が PCB によって腐食されたピンホールといわれていたが（表9.2），裁判の過程で，工事の際の工作ミス（表9.2）によってできたものと判断された．加藤氏は，ピンホール説が成り立ちにくいことは，「この一時期に大量のカネクロールが漏れた後，そのピンホールが再び閉塞する」ことの不自然さと，現場を実証検分すれば，「ピンホールなるものは，針の先も入らない，ほとんど塞がった，ごくごく微細な傷のようなもので，この種の傷らしいところから大量のカネクロールが出るはずはないと確信した」．しかし，ピンホール説について，「もう一つ重大だと思ったことは，PCB（カ

表9.2 PCB 混入原因

① ピンホール説　6 号脱臭缶において，PCB の過熱によって蛇管内に塩化水素ガスが発生し，それが蛇管内の水に溶けて塩酸になり，蛇管を腐食して腐食孔（ピンホール）が生じ，通常それは PCB，ライスオイルおよびこれらの重合物によって充填閉塞されていたのだが，この脱臭缶の外筒の修理が行われ 1 月 31 日に再び据え付けられた工事の衝撃で開口し，そこから PCB が漏出してライスオイルに混入したとする（九州大鑑定）．	この説を採用すると，わが国最初の PCB メーカーである鐘化が，PCB の腐食性などの性質について指示・警告をしなかった過失が問題になると考えられた．
② 工作ミス説　事件発生後 12 年余りたった昭和 55 年になって従業員の一人が供述したことを基礎に鐘化が主張したもので，カネミの鉄工係が 1 月 29 日に，1 号脱臭缶に取り付けられていた隔測温度計の保護管の先端部分にある穴の拡大工事を行った際，溶接ミスによってそれに近接していた蛇管に穴があき，その穴から PCB が漏出し，ライスオイルに混入したとする．	この場合，もっぱらカネミ倉庫の過失になると考えられた．

4　加藤八千代，前出 10 頁．

ネクロール）のメーカー，鐘化（鐘淵化学工業㈱）が賠償の責を負わされたこと
です．工業用のPCBが適切でない使用条件で用いられ，そのために食用油に
混入した．しかも製品管理がずさんだったために引き起こされた被害にまで
PCBを製造した業者が責任を負わされる判例を許しておけば，将来由々しい
ことになる」と述べている[5]．

（3）　裁判の判決

　この事件は製造物の欠陥によって多数の被害者が出た事件である．いまなら
PL法によって裁かれることになるが，当時は刑法と民法709条に照らし合わ
せて過失を立証することによって判決が下されたため，長期間を要している[6,7]．
　刑法の業務上過失致死傷罪（刑法211条，前出123頁，表8.3参照）の裁判で，
工場長は技術の最高責任者として，禁錮1.5年の判決が下された．判決は要旨
つぎのように指摘している．

　　　工場長には，PCBによる事故を予見でき，装置などの保守管理，適切
　　な運転をする注意義務があった．工場長は，化学装置の設計や設計計算
　　をして安全性を確認できるほどの専門能力は有していないが，工程，装置，
　　資材に関する管理の落ち度が事件の原因で，"PCBの物性および有害性に
　　対する認識や理解の不足，特に人の健康に対する思いをいたさなかった"．
　　また，本件を工場長のみに責任を課することは酷であるが，漫然とPCB
　　を補充するという過失行為が事件発生に不可欠の要素である．

　この事件を回避すべき責任と人の健康への配慮責任が，工場長にあったこ
とが明記されている．「PCBが300リットルも減少し，それを補充して生産し
ているのに必要な対策が採られなかった．PCB補充行為の判断が，そこに携
わっている運転者か，あるいはその上の管理者によるものかはわからないが，
これだけの量を補充する以上，当然PCBが米油に混入し，混入した米油が人
の口に入ること（健康への影響）を考える責任がある．そのことを管理できる
のは工場長であり，責任があった」という判決である．
　社長は刑法では無罪となった．理由は，「社長は工場長等従業員に対する一
般的統括責任はあるが，注意義務は存在しない．またPCBが混入するという
事故を予見できる立場にない」ということである．安全対策は企業最高責任
者の責任であるという検察の主張は受け入れられなかった．すなわち，PCB

　5　加藤八千代，前出34頁．
　6　朝日新聞，1978年3月24日夕刊．
　7　「日本のPL法を考える」より「カネミ油症事件」http://www.nuclear.jp/madarame/lec1/kanemi-pl.htm

表9.3 カネミ油症事件から得られる教訓

項目	事象
1. 配慮義務は現場の管理責任者（現場管理責任者は，事故を防げる可能性を持っており，責任がある）	工場長は有罪（禁固1.5年の実刑判決）．高裁への控訴が棄却され，最高裁へ上告したが取り下げた．経営者は無罪
2. 研究者・技術者の倫理的責任	鶏の斃死頻発に，人間が同じ素性の米油を食べた際の健康被害に思いが至らなかった．
3. 現場技術者の責任（選択した方式の技術的妥当性）	PCBの沸点は300℃以上であるが，それを200〜230℃の温度で除去しようとした．
4. 現場確認の重要性	蛇管の穴を現場で確認していれば，PCBによる腐食が原因とされた「ピンホール説」は排除される．
5. 安全未確認物質の取扱い	PCBが混入した米油の安全性を確認しないまま出荷した．

が漏れないようにするという配慮義務は企業経営者にはなく，現場の責任者にあるというものである．

　民法の不法行為法（民法709条，前出123頁，表8.3参照）による損害賠償の裁判では，PCBメーカーの鐘化は，小倉第1陣一審では責任があるとされ，控訴審の福岡高裁では責任はないとされた（後掲の表9.4参照）．一審の理由は，「新規合成物質を開発・製造する企業は，人体・環境に，どういう影響が出るかを十分に調査研究して，知り得た特性や取扱い方法を需要者に十分周知徹底させる義務がある」というものである．これは，PL法制定後，製造業者として配慮すべき内容が，すでにこの時点で記載されている．高裁での棄却理由は，「PCBに対する告知警告すべき毒性ないし危険は，PCBが食用油に混入して摂取されるという本来ありうべからずの事態を想定したものでなく，熱媒体としての労働衛生面の取扱いが主眼となるのは当然である．"PCBが食用油に含まれてはならない"と記載する必要はない」というものである．

　PCBの混入原因がPCB腐食によるピンホールではないと判明してきたことと，当時の学会ではPCBがさほど危険なものとはされていなかったということが背景にあると思われる．

(4)　事故から得られる教訓

　表9.3にカネミ油症事件から得られる教訓をまとめる．

　① 工場長は，現場を預かる最高責任者として責任（配慮義務）が問われて

いる．現場責任者なら「危害を防止すること」が可能で，その責務のあることを示す判決である．

　工場長には必ずしも，専門能力を十分有していないと認めながらも，この事故の発生には，PCBを漫然と補充したことが，事件発生の必須要素としている．この工場における経営者と工場長との権限の関係がわからないが，PCB入りの米油は，一度はドラム缶に入れて別扱いとされたが，その後製品に混入されたことがわかっている．この判断（指示）が現場の責任者による決定か，あるいは経営者を巻き込んだ決定であったのかが問われる．しかし，この裁判の意味するところは，現場を預かる責任者には，たとえどんな事情があろうとも，重い責任があるということである．

　経営者の無罪理由は，「工場長等への十分な管理督励等の一般的抽象的な指示をなし得るにとどまり，カネクロールに関する注意義務はもちろん，その監督者としての注意義務も存在しなかった」とされた．技術者は，この判決の意味するところ，たとえ上司等の指示であったとしても，その行為の実行責任が問われることを認識する必要がある．そして，技術者は，公衆を危害から守ることを最優先に行動すべきことを，強く自覚する必要がある．

　② 鶏の斃死（へいし）事件が発生した段階で，なぜ米油の販売を停止できなかったか．鶏の被害はダーク油が原因と判明した4月以降食い止められたが，人間はそれから半年以上も米油を食べさせられたことになる．

　このことに関して，3月に農林省（当時）福岡肥飼検査所の飼料課長が本社工場に立ち入りしている．その際に会社側から"ダーク油は脱臭工程の飛沫や泡を集めたものである"という説明を受けていない．このため，飼料課長は米油とダーク油とが同じ素性であることを認識していない．しかし，飼料課長は"ダーク油が危ないなら米油はどうか"と質問している．これに対しカネミ代表取締役は"ライスオイルには何の問題もない"と答えている．会社の方針は隠すということと考えられるが，人間の命や健康に関する問題が起きていることを，経営者の倫理的問題としても考える必要がある．

　また，技術者は，同じ素性の米油が出荷されていることに対して，人間にも危害が出ることを想定して警告を発し，販売停止並びに回収を提案することができた．組織の一員としてトップの方針に従わざるを得ない事情があったかもしれないが，技術者としての良心の呵責を感じていたはずである．このような事態が起きたときこそ，"技術者として行動はいかにあるべきか"と

いうことが問われることになる.

③ 純粋な技術上の問題として，熱媒である PCB が混入したのに同じ脱臭装置を使って PCB を取り除こうとしていることである. PCB の沸点は 300℃以上と高く，脱臭タンク内の温度である 200 〜 230℃では取り除くことができない. それでも，何度もガスクロチャートで確認していることは理解できない. 技術者は，選択した方法が技術面からみて妥当であったかが問われる.

④ PCB 腐食によるピンホールか，または工作ミスによる穴かは，この事件の裁判における重要な争点であった. しかし，加藤八千代氏が指摘している通り，現場を確認すれば一目瞭然のことである. 事故原因の正しい鑑定は，公平な裁判を導き，かつ裁判の長期化を防ぐことになる. 技術者として，現場確認の重要性を再認識させられる.

⑤ カネミ倉庫は，PCB が食品に混入した際の処置を，PCB メーカーに確認すべきであった.

(5) この事件の真実について

加藤八千代氏は，問題を整理してつぎのように記載している[8].

① カネミの技術コンサルタントであった三和油脂の技術者，岩田氏は，当時 PCB が米国の食品製造工場でも長い間，無事故のまま使われていると聞き，自らテストを行い，自社工場の脱臭缶に取り入れたあと，カネミに推薦している.

② その際，安全な取扱い方を示す手引書を作り，カネミ社長を通じて，工場長に渡している. それには，もちろん脱臭日報をつけることも書いてある. 手引書は，よく書かれている.

③ 岩田氏はカネミの工場内にも足を運び，脱臭日報を見たり，工場長の質問にも応じていた.

④ 工場長は，PCB の毒性を重油程度のものと思っていたと法廷で証言している.

⑤ ほとんどのカネミの従業員たちは「食品には毒性のあるなしにかかわらず異物が混入してはいけない」という食品衛生法をよく理解していた.

　にもかかわらず，工作ミスを起こした. 溶接係員が，本人も気付かぬうちに誤って 1 号缶の蛇管に穴をあけた. そして脱臭操作をしてしまった（第 1 のミス）. 普通は水圧テストをし，真空度に異常のないことを確かめた後，未脱臭油を缶内に入れる. なぜか，この時に限り，これを手

8　加藤八千代，前出 184 頁.

抜きしたまま油を送入した．そして真空ポンプのスイッチを入れた．と
たんに蛇管の穴から大量のPCBが缶内に吹き出し，油にまじった（第2
のミス）．PCB混入油は直ちにドラム缶に移され，別扱いとしてしばら
くの間，工場のどこかに保管されていた．いつ誰の命令があったのか，
誰かがそれを再脱臭させた（第3のミス）．普通は脱臭されたあとの製品
は，必ず抜取検査され，品質検査を受ける．どういうわけか，それもパス．
そして市販された（第4のミス）．

　第1，第2のミスは人間が作業する以上起こり得ることである．問題は，
第3のミス，第4のミスがなぜ行われたかである．この構造を糺し，意志決
定のルールを作り上げないと，再発防止にはつながらない．

　村上陽一郎は，「人間は間違える」ということを前提に，「予測できなかっ
た事故には対策は立てられないが，予測できた事故に対策が講じられない場
合は管理者の責任である」と述べている[9]．

　⎡討論1⎤　本書では第3章に，業務執行の3要素モデルによって，個人レ
ベルの行動ルールを示した（前出37頁，図3.2参照）．①リーダーシップ，②個
人の動機，③コミュニケーション，の3要素である．その図を見ながら，特
に，②‒2活性化されたモラルの意識，‒3法令にもとづく職務上の責務の認識，
‒4専門的な知識・経験・能力，を考慮して，カネミ倉庫の工場長，品質検査
をした試験室員に当てはめてみよう．

9.2　被害者救済

　被害者を救済する損害賠償の民事裁判を一覧表にし，判決がなされた順番
を丸数字で示した（表9.4）．要点について解説する．

(1)　福岡第1陣（44名）

　被害者44人（原告）が訴えたのは，カネミ倉庫と鐘化は民法709条，カネ
ミ倉庫代表者は使用者責任の民法715条である．
　第一審（地方裁判所，①判決）
　原告が勝訴し，3被告は判決額7億円を支払う連帯責任の判決である．誰か
1人でも7億円を支払えば，あとの者は支払わなくてよいが，支払った者は支
払わなかった者に対して請求することができる．

9　村上陽一郎『安全と安心の科学』集英社新書（2005）．

表9.4 カネミ油症事件 民事訴訟 （○ 原告勝訴 × 原告敗訴）

原告＼被告	カネミ倉庫	カネミ倉庫代表者	鐘化	国	北九州市	判決額 円
適用法	709条	715条	709条 不法行為法	国家賠償法		
福岡第1陣（44名） 一審（昭52）①	○	○	○			7億
控訴審（昭59）④			○			4億
小倉第1陣（729名） 一審（昭53）②	○	×	○	×	×	60億
控訴審（昭59）④	○	○		×		47億（国3割）
小倉第2陣（344名） 一審（昭57）③	○		○	×	×	25億
控訴審（昭61）⑥			×	×	×	（最後の判決）
小倉第3陣（71名） 一審（昭60）⑤	○		○	○	×	3.7億（国3割）

丸数字は，判決の順番を示す．最高裁で昭和62年，一審中の小倉第4陣・第5陣，福岡第2陣も含めて和解．⑥小倉第2陣控訴審判決が，最後の判決になった．

控訴審（高等裁判所，④判決）

カネミ倉庫とカネミ倉庫代表者は，第一審判決を受け入れ，控訴しなかった．鐘化は，控訴審へ進み，4億円の判決を受けたが，さらに最高裁へ上告した．

損害賠償・仮払

被告に支払能力がなければ，判決の賠償額が“絵に描いたモチ”になる．一連の訴訟で，カネミ倉庫とカネミ倉庫代表者は巨額の賠償責任を負いながら，実際には支払未了とみられる．

たとえば判決額7億円は，控訴審，上告審と進む間，確定しないが，第一審判決が認めた範囲内で，仮執行（仮払）を受けることができる．

(2) 小倉第1陣（729名）

第一審（②判決）で，カネミ倉庫と鐘化は責任があるとされ，カネミ倉庫代表者，国，北九州市は責任がないとされた．カネミ倉庫は，第一審判決を受け入れ，被害者側と鐘化が判決を不服として控訴審（④判決）へ進み，カネミ

倉庫代表者と国は，第一審判決が覆され，責任があるとされた.

　第一審の判決額60億円，控訴審の判決額47億円については，支払能力の
ある鐘化と国が，それぞれ仮払をした.

(3)　小倉第2陣（344名）

　第一審判決（③判決）では,他の判決と同様,PCB混入の原因としてピンホー
ル説を採用し，鐘化に責任があるとしたが，昭和61年の控訴審判決（⑥判決）
で，工作ミス説が採用されて判決が逆転し，原告の敗訴となった. そうすると,
最高裁での上告審へ進んでいる訴訟などすべてが同様になる可能性が大きい.

　最高裁での和解（鐘化）

　最高裁判所第三小法廷は1987（昭和62）年2月，上告されていたすべての裁
判について，異例の一括和解勧告をして翌3月，事件は19年ぶりに決着をみた.
鐘化との間の和解の内容は新聞報道によると，つぎのようなものだった[10].

　　① 原告（被害者）は鐘化に責任がないことを確認する.
　　② 鐘化は，見舞金として，原告1人あたり300万円を支払う.
　　③ 原告は，鐘化に対する仮執行で取得した金額（＝仮払金）から，見
　　　　舞金（総額約55億円とみられる）を差し引いた約48億円を，鐘化に返
　　　　還する. ただし，鐘化は強制執行などの手続はとらない.
　　④ 原告は鐘化への全訴訟を取り下げる.
　　⑤ 鐘化は見舞金を，訴訟取り下げ後1週間以内に支払う. また訴訟追
　　　　行費用として約3億円を支払う.
　　⑥ 原告は和解条項以外の請求を放棄する.

　鐘化は，原告1人あたり300万円を支払うことにし（②項），その総額から
見舞金の総額約55億円を差し引いた約48億円は，返還を強制しない（③項），
つまり,実質的に仮払金の返還を免除した. 鐘化はこうして被害者を救済した.

　仮払金の返還（国）

　国との関係では，和解は成立しなかったが，1987（昭和62）年6月，原告
は国に対する訴訟を取り下げ，国がこれに同意し，訴訟はすべて終結した. し
かし,国が敗訴した小倉第1陣控訴審（④判決）と小倉第3陣第一審（⑤判決）
で，原告が国から受け取った仮払金約27億円は未解決のまま，国はその返還
請求権を留保して請求を続けた[11].

10　加藤雅信編著『製造物責任法総覧』商事法務研究会，654頁（1994）.
11　日本経済新聞，1987年6月26日31面「訴訟取り下げ成立」.

　被害者たちは，資産に恵まれなければ，受けた仮払金を費消したことだろう．そこへ判決が逆転して，返せといわれる．被害に加えて，二重苦の悲劇である．国が返済を免除するには法律の根拠が必要で，2007 年 4 月，それまでに約 10 億円が返還され，残額約 17 億円について，議員立法により返還免除となった[12]．訴訟の取り下げから 20 年後である．

裁判外の公的救済

　被害発生から 40 余年を経て，2012 年 8 月，被害者の法的な救済が初めて法制化された．国が当面，年 1 回，認定患者（2012 年 3 月末現在,生存者 1,370 人）や同居家族の健康実態調査を実施し，その協力費名目で年 19 万円を支給する．また，国が原因企業のカネミ倉庫に委託している備蓄米の保管量を増やすなどして経営支援を拡大し，カネミ倉庫が患者に年 5 万円の支援金を支払う（支援金年額計 24 万円）[13]．

9.3　法とモラルの境界域の責任

　法は，刑法，民法，民事・刑事の訴訟法などの規定により，人の過失や製造物の欠陥による事故に対処する．

法的責任の限界

　カネミ油症事件の争点は二つあって，一方は，PCB の混入原因であり，ピンホールか，工作ミスかの決着は，前記のとおりである．他方は，ピンホールであろうと，工作ミスであろうと，被害者を苦しめる PCB 物質である．真の原因物質の究明が，以下に述べるように進行していたが，損害賠償の最後の判決（前記⑥判決）は，「油症事故後の研究によるもの」として一切，立ち入らなかった．PL 法以前の，過失責任の裁判であり，その限界である．

真の原因物質[14,15]

　カネミ油症事件が起きて，つぎのような疑問点が浮上した．

　① 患者の体内に残留する PCB の組成（同族体および異性体の割合）が，一般健常者や職業的 PCB 汚染者に比べて特異である．
　② 職業的 PCB 汚染者は PCB 取扱い中止後，速やかに症状が回復するのに対して，患者は発病後 8 年も症状が続き，新たにクロルアクネが

12　日本経済新聞，2007 年 4 月 11 日 34 面「カネミ油症仮払金返還」．
13　朝日新聞，2012 年 8 月 25 日 3 面「カネミ油症，公的救済へ」．
14　宮田秀明『ダイオキシン』岩波新書，42 頁（1999）．
15　中西準子・小倉勇『コプラナー PCB』（詳細リスク評価書シリーズ 16）丸善出版，42 頁（2008）．

発生するなど，PCB 単独の汚染にしては症状が重すぎる．

③原因油中の PCB は KC-400 に比べて 2 倍以上の毒性がある．

1973（昭和 48）年になって，PCB の定量分析法が開発され，75 年には原因油中に，ポリ塩化ジベンゾフラン（polychlorinated dibenzofrans，略名 PCDF）などダイオキシンが見出され [16]，1978 年，PCB が熱媒体として長期間使われるうちに，熱反応によって PCB から PCDF などが生成し，その反応がステンレスや水の存在によって促進されることが明らかになった．こうして 1984 年頃には，主要な発症因子が，ダイオキシン類の PCDF であることが判明した．

法では償えないこと

カネミ油症事件の裁判について上で見たとおり，法的責任の追及は，被害者の救済には，あまりにも無力だった．仮に多額の損害賠償を得ても，失われた生命や健康は戻らない．事故に会わなかった場合にこの人たちが過ごしたであろう人生に比べて，そこには法的救済では償えない部分がある．

判決の外にあるもの

もし，誰か一人が努力をすれば，この悲惨な事件は起きなかった，あるいは，被害者が少なくてすんだ．カネミ油症事件をめぐる人々を一覧表にまとめた（表9.5）．法的責任は問われなくても，多くの被害者が生じたことに対する技術者の倫理的責任は大きい．

カネミ倉庫では，試験室で各工程ごとに品質検査をし，研究室には，食油製造業者にはガスクロ分析機器が必要として購入したほどの専門家である研究室長もいた [17]．PCB が混入した米油の安全性を確認せずに出荷したこと，鶏の斃死頻発時点で，人間への危害を予見できたはずなのに，警告を発しなかったこと，など技術者にとってモラル上の責任は大きい．

PCB が漏れた原因について，最後に否定されたピンホール説は，九州大学工学部・農学部の教授たちによるものだった．仮払金の返還について，国との間の問題を未解決のままにした被害者側の弁護士ら法律家，さらにその後，立法による対策が 2007 年まで遅れた行政，という問題がある．

事故にはさまざまな人が関わる．人それぞれが，それぞれの立場で自分にできることをしなければ，人の幸せは確保できない．

16　長山淳哉『しのびよるダイオキシン汚染』講談社，26，31 頁（1994）.

17　加藤八千代，前出 140，185 頁.

表 9.5　カネミ油症事件をめぐる人々

	判決に登場		判決の外にいた人
事故責任	**[刑事法]**		カネミ倉庫 　試験室　室員 　研究室　室長、室員
	工場長　禁固1.5年		
	カネミ代表者　無罪		
	[民事法]		脱臭装置を納入した 　装置メーカー　技術者
	カネミ代表者　有責 ⇄ 無責		
	カネミ倉庫　有責		
	鐘　化　有責 ⇄ 無責		カネミ倉庫と接触した 　鐘化　営業担当、技術者
	国　有責 ⇄ 無責		
原因究明	（問われなかった）		九大教授たち ピンホール説の鑑定で、裁判を12年間も迷走させた。 加藤八千代（科学者）
被害者擁護	（問われなかった）		訴訟・和解の代理人弁護士 政府、立法担当者 仮払金の返還問題に立法上の対策が後れた。

9.4　新規合成化学物質の安全性

　PCB は，熱に強く化学的に安定で電気絶縁性が高い有用な物質として，電気機器の絶縁油，加熱・冷却用の熱媒体，感圧複写紙などに普及した．米油に混入し食用に供されるのは，製造メーカーの意図せざる使用方法であった．

カネミ油症事件から化審法へ

　カネミ油症事件による健康被害は，新しい合成化学物質の安全性確認が極めて重要であることを認識させ，1973 年「化学物質の審査及び製造等の規制に関する法律（化審法）」が制定された．カネミ油症事件が起きるまでは，人への健康被害の防止は，直接，化学物質と接触して被害を及ぼすような毒劇物の製造・使用等の規制や排ガス・排水に対する規制が行われていた．この事件は，安定で分解しにくい物質が，長期間にわたって人体に残留するときに，じわじわと人の健康に被害を及ぼすことがわかったことで，これまでの化学物質の安全性に対する考え方を覆すものであった．

　化審法は新規化学物質の事前審査制度を，日本が世界に先駆けて導入した．新規化学物質のうち，難分解性，高濃縮性，長期毒性のあるものを特定化学物質として指定し，製造・輸入の規制を行った．PCB はこの法律によって規制された．

　その後，2007 年 EU が REACH 制度（Registration, Evaluation, Authorization, and Restriction of Chemicals）を発足させ，新規物質と同様に既存物質も安全性確認の対象となり，日本も既存化学物質についても同様に安全性確認が求められる方向である．

　一つの失敗を繰り返さないための防止措置が必要で，科学技術の歴史は，失敗をつぎのステップにつなげてきたことの繰り返しである．技術者は失敗と謙虚に向き合って，正直，かつ誠実に社会に説明する責任がある．

化学物質の課題

　化学物質の危害を，社会に向けて最初に訴えたのは 1962 年，レーチェル・カーソンの著作 "Silent Spring"（邦訳『沈黙の春』）だった．彼女は，「自然が作り出したことのない物質」と表現した．自然に存在する物質は，時をかけて人間の生命が適応し，バランスがとれている．いま人間が実験室であとからあとへ作り出す合成物質は，大地，河川，海洋を汚し，そこで変化するなどして，影響ははかりしれない．時をかければ適応するのかもしれないが，それには自然のモノサシで幾世代もの時間がかかる大変なことなのだ．そういうカーソンのメッセージだった．

　カーソンが告発した対象は，農薬，特に DDT である．DDT は，蚊が媒介するマラリア，シラミが媒介する発疹チフスの流行を抑える効果が評価され，1948 年，スイスの P.H. ミューラーは，DDT の殺虫効果の発見により，ノーベル生理学・医学賞を受賞した．

　しかし，カーソンの告発が契機となって，DDT は安定で環境中に残留し，脂溶性であるため食物連鎖によって生物濃縮されることが判明し，現在は，各国で製造，使用が禁止されている．日本においても 1970 年に使用禁止となった．

　しかし，DDT の禁止により，特にマラリアを媒介するハマダラカに対する強力な武器を失い，発展途上国では，マラリアの蔓延に十分に対抗できなくなるという逆の問題が生じた．WHO は年間 3 〜 5 億人がマラリアに罹災し，150 〜 270 万人の死者が出ていると推計している．2006 年 9 月 15 日に，WHO（世界保健機関）は，DDT の室内残留性噴霧を奨励する決定を下している．その後も WHO は DDT を引き続き使用することを確認している．

中西準子は，「長期散布による人への健康影響は大きくない．DDTが人に大きな影響を与えるという報告もあったが，それほど大きくない．内分泌撹乱物質（環境ホルモン）という証拠も少しあるが，それほどでもない．室内残留性噴霧をすれば，生態影響も大きくない．過去にあった影響は農業利用によるものである．だからDDTの農業利用はやめて，室内でマラリア防止のためだけにDDTを使うことは，むしろやるべきことである」とコメントしている．

DDTにかかわる問題は，科学技術者にとって，二つの重要な教訓を示している．

一つ目は，ノーベル賞を受賞するような業績であっても，その後の科学技術の進展によっては否定されることがあり得ることである．同様な事例としては，かつて半導体の洗浄剤，熱媒体として高く評価されていたフロンが，その後，オゾン層を破壊することが判明し使用禁止になっている．

科学技術に取り組む者にとって，自分たちができることは，その時点，時点での最善であることを自覚する必要がある．

二つ目は，リスクには，トレードオフの関係があり，あるリスクをなくそうとすると，他のリスクが出てきて，最初のリスク削減効果を食いつぶし，場合によっては，全体としてのリスクを大きくしてしまうことである．

人類の未来は新たな化学物質の開発なしには考えられない．化学物質の安全性の考え方を理解して取り組む必要がある．リスクはゼロにすることはできない．利害関係者間で妥協点を見出すためには，リスクとベネフィットをきちんと説明して情報を共有し，ともに考えること（リスクコミュニケーション）が必要である．

ちなみに，化学物質の危険性は合成物質に限らず天然品にもある．化学物質の安全性は，「物質ではなく，どのように用いられるか」によって決まる．摂取量が多ければ，「お酒の一気飲み」のような被害が生じる．

9.5 まとめ

カネミ油症事件は，法とモラルとの関係を考える良い事例である．法的責任は問われなくても，技術者の倫理的責任は大きい．安全性未確認物質を使用したことの危うさが，化審法の制定につながった．人類の未来は新たな化学物質の開発を必要とする．情報を共有し，ともに考えることが大切である．

原子力規制委員会は、二〇一一年三月一一日に発生した東京電力福島原子力発電所事故の教訓に学び、二度とこのような事故を起こさないために、そして、我が国の原子力規制組織に対する国内外の信頼回復を図り、国民の安全を最優先に、原子力の安全管理を立て直し、真の安・全・文・化・を確立すべく、設置された。

原子力にかかわる者はすべからく高い倫・理・観・を持ち、常に世界最高水準の安全を目指さなければならない。

我々は、これを自覚し、たゆまず努力することを誓う。

原子力規制委員会「組織理念」、平成二五年一月九日
同委員会ホームページより。「安全文化」と「倫理観」が入っている。

第10章　コンプライアンスと規制行政

　安全文化が，日本で理解困難であったのは，規制行政への正当な関心を欠いたことにあった（第6章参照）．規制行政は，国民生活や産業活動に広く行きわたり，科学技術の安全確保に支配的な影響力がある．しかし日本では，これが単にコンプライアンス問題と認識されてきた．技術者は規制行政を必ず理解しなければならない．現代の技術者の条件といってよい．

　第8章で，事故責任の法律（表8.3参照）を取り上げている．その業務上過失の刑法や不法行為法は，事故が起きてからその事故について責任を追及する，いわゆる事後法である．それに対して，規制行政は，事前に，事故を抑止し，あるいは違法や不正を是正しようとするもので，事前法の域にある．

　事後法は，古代ローマ以来，西洋で育った長い歴史がある．事前法は，科学技術の危害が認識されるようになって発生し，ほぼ安全文化の展開（図5.1参照）と同じだから，事後法よりも後れて登場した．あとで，日本における「学問の空白」が出てくるが，そのことと無関係ではない．

10.1　「法律による行政」原則

　まず，法律とか法令というのは何だろうか．

表 10.1　法律・命令・法令

- ・法律　議会の議決をへて制定される国法
- ・命令
  - イ　法律にもとづく命令（処分の要件を定める告示を含む）：
    - 政令（施行令ともいう）——内閣が制定する
    - 内閣府令——内閣総理大臣が制定する
    - 省令——各省大臣が制定する
  - ロ　審査基準（許認可等をするかどうかを，その法令の定めに従って判断するために必要とされる基準）
  - ハ　処分基準（特定の者に義務を課し，または権利を制限する不利益処分について，その法令の定めに従って判断するために必要とされる基準）
  - ニ　行政指導指針（複数の行政指導に共通してその内容となるべき事項）
- ・地方公共団体の条例・規則

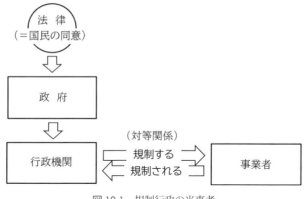

図 10.1　規制行政の当事者

法律・命令・法令

　議会がつくる法律は，必要な法の骨格みたいなもので，そのままでは十分でない．そこで，法律のなかに「…は政令で定める」，「…は○○省令で定める」とあるように，行政機関が制定する法が「命令」である（表 10.1）．通常，「法律」と「命令」とを合わせて「法令」といい，地方公共団体体の条例・規則を含めてそういうことが多い．

　「法律」は，議会の議決により，「国民の代表からなる議会の意思が国民の意思であるとみなされ，国民自身の同意があるとされる」[1]．「命令」を「定めようとする場合には，命令の案「及びこれに関連する資料をあらかじめ公示し，…広く一般の意見を求めなければならない」（行政手続法 39 条 1 項）．これが意見公募手続（パブリック・コメント）であって，国民の参加を確保する重要な手続きである．

「法律による行政」原則

　行政は法律にもとづくこと，これを「法律による行政」原則という．

　元々，法が主権者の命令である，と単純に考えられた時代には，その法が主権者を拘束することは，ありえなかった．主権者は，法にもとづきはするが，いつでもそれを破ることができ，国民の側からその違法を争う道はなかった．ところが，法をつくる（＝立法する）機関と，それを適用し執行する機関とが，はっきり区別されるようになると，国民に対し直接に権力を行使しようとするときは，立法機関によってつくられた法に従うことが必要になり，支配者

1　宇賀克也『行政法概説 I 行政法総論（第 2 版）』有斐閣，25 頁（2006）.

といえども，勝手な権力の行使はできないことになる．ここにおいて，法は，被治者のみならず，支配者をも拘束するものとなる．これを，法の両面拘束性という[2]．

規制行政とコンプライアンス

政府が，法律にもとづき，国民生活や産業活動を規制するのが，規制行政（regulation）である（図 10.1）．

日本の産業界で"コンプライアンス（法令順守）"という表記が使われるようになったのは，1987 年の東芝機械ココム違反事件[3]が最初とみられる．コンプライアンス（compliance）とは，規制の法律（規制法）およびそれにもとづく規制に則して行動すること，を指すとみてよいようだ．

この事件は，米国国防省の指摘が発端だった．ソ連（当時）が東芝機械の工作機械を用いて潜水艦用スクリューを製作した結果，潜水艦のスクリュー音が小さくなり，米国側による追跡が困難になった．これは安全保障上の大問題であると強硬な姿勢で，結局，東芝機械には 3 年間の輸入禁止，東芝には 3 年間の政府との契約禁止となった．東芝は当初，東芝に責任はないと主張した．「東芝が東芝機械の株式を 50% 以上持っているとはいえ，東芝機械は全く独立した法人」と主張したが，この日本独自の見方は通用しなかった．

コンプライアンス問題はその後，重要性が広く認識されるようになったが，それでも規制行政のルールは，よくわかっていなかった．

図 10.1 では，行政機関（官）と事業者（民）とが，対等関係になっている．ところが日本では長い間，官が上で民が下の上下関係において，官が一方的に民を規制し，民はそれに従うのみの，いわゆる警察的規制だった．

「政府無謬」神話

明治憲法下では，神である天皇に誤りはない．天皇の政府は誤りをしないものとされた（いわゆる「政府無謬」神話）．それが，上下関係の警察的規制になっていたとみられる．

主権が国民にあるとする日本国憲法のもとでは，政府は国民のためのものであり，政府が国民より上のはずはない．この大事なことがあいまいなまま規制行政が行われてきたところに問題があったようだ．

2　今村成和著，畠山武道補訂『行政法入門（第 8 版補訂版）』有斐閣双書，3 頁（2007）．

3　ココムは，米国が提唱して 1949 年に，日本を含む 17 カ国が参加し，共産圏向けの戦略物資の輸出の規制を目的とし，軍事転用のおそれのある物資の輸出統制品目リストを作り，各国が規制することを決めた．日本は実施のために，外為法（＝外国為替及び外国貿易管理法）にもとづく輸出貿易管理令に規定した．

10.2　規制行政の学問の展開

　警察的規制の問題点は，早くも第二次世界大戦前の 1940（昭和 15）年に，民法学の末弘厳太郎（いずたろう）が指摘していた [4]．「制限」を,「規制」と読み替えるとよい（傍点は筆者による）．

　　　一面においては必要な制限が必ずしも行われないで，他面，不必要な
　　制限が無用に人を苦しめるような弊害を生じやすいのであって，私はこ
　　の弊害が一日も早く矯正除去されることを希望してやまない．

　しかし，学問はなかなか動かなかった．

学問の空白の認識

　「規制法の執行過程は,一種の学問上の『エア・ポケット』になっている」と，北村喜宣が指摘したのは 1997 年である [5]．規制の法律（規制法）はあるが，それを執行する，つまりそれを解釈し規制の活動に移すところの学問が空白なのである．北村の指摘を 2009 年，法社会学の平田彩子が追認し，「我が国においては，規制法は成立したのちどのように実施されているかという問いは，法社会学をはじめ，行政学，行政法学においても，主要な研究分野としていまだ確立していない」とした [6]．

　この北村と平田の発見の意義は大きい．日本の法学や行政学は本質的に高いレベルにあって，前進する研究が現れるようになった．

環境規制の動態と理論（平田）

　平田は，米国を中心に海外の研究をふまえ，日本の環境規制の現場に目を向けた [6]．

規制者と被規制者の相互関係（2009 年）

　　　行政は，違反を捕まえて罰を与えることではなく，違反しないように，
　　そして違反しても違反が続かないように指導で是正することだ，という
　　考えであり，行政命令による強制がなくても，順守率は高く，また指導
　　によって違反が是正される場合がほとんどという状況が，少なくとも 15

4　末弘厳太郎『民法雑記帳』日本評論社，340 頁（1940）．末弘（1888–1951）は民法学者，東京大学教授，日本の法社会学の先駆者で，労働法学の創始に加わり，第二次世界大戦後，労働 3 法の制定に関与し，中央労働委員会会長を務めた．

5　北村喜宣『行政執行過程と自治体』日本評論社（1997）．

6　平田彩子『行政法の実施過程—環境規制の動態と理論』木鐸社，10 頁（2009）．

年以上維持されている.

　あいまいな法はいかに実施されるか（2017 年）[7]

　規制法の運用には，2 種類の不確実性とジレンマがある．一方は，規制法の規定は通常，一般的で抽象的な表現が多い．たとえば，「基準に適合しない恐れ」があるとき行政命令を出すことができる，という規定が典型であろう.

　もう 1 種類は，目の前にあるケースが，重大な環境への悪影響を及ぼすかどうかが明らかでない状況において法を適用するのであり，不確実性への対応が求められる.

　自治体の現場行政職員は法適用の判断に苦慮し，部署内の対応にとどまらず，他の自治体への問い合わせにみられる自治体間ネットワークが重要な働きをしている実態をとらえた.

変容する規制空間の中で（村上）

　規制行政は長い間，官が民を一方的に取り締まるものとされてきたが，行政学の村上裕一の 2016 年の著書[8]は，社会観察をして実態をとらえた.

　これまでのように規制行政を，規制者・被規制者の関係に単純化することは必ずしも実態にそぐわず，いわば官民協働による規制システムが出現している．被規制者は，規制者によって規制されると同時に，規制者と連携・協働して規制する「主体」にもなり得る，とする.

　木造建築・自動車・電気用品の三つは，いずれもわが国の産業を代表し，国民の生活との関係が極めて深い．それぞれ性質は異なるが「官民協働」の形態をとっている（以下要約．品目数などデータは研究当時）.

　① 産業構造

　＜木造住宅＞　上位 5 社の市場占有率は，自動車の約 80% に対し，戸建て住宅で約 15% に留まる．多くが建設現場で生産され，1 軒ごとに設計・工法が異なり，製品の品質が個々の大工の技量に依存する．被規制者コミュニティのまとまりは強固とはいえない．＜自動車＞　部品はある程度規格化され，自動車という製品が完成に近づくにつれて組織は 10 程度の大きな組立工場（大手メーカー）へと収斂（しゅうれん）する．メーカーからディーラーに至るネットワークという被規制者コミュニティは，比較的強固である．＜電気用品＞　規制対象 339 品目の製造業者は 6 ～ 8 万で，工業会 4 団体という強力な業界団体があり，法令への適合性検査を行う登録指定機関が 13（国内に 5，国外に 8）ある．業界団体を頂点とし

7　平田彩子『自治体現場の法適用―あいまいな法はいかに実施されるか』東京大学出版会（2017）.
8　村上裕一『技術基準と官僚制―変容する規制空間の中で』岩波書店（2016）.

た被規制者コミュニティの強固さは，自動車と建築の中間に位置づけられる．

② 規制行政機関の裁量幅

＜木造建築＞　現場大工の技術がかなり尊重され，性能規定の技術基準が，具体的な仕様の開発・選択を被規制者に委ねており，規制の実効性を担保する建築確認が，民間の指定確認検査機関にも開放されている．＜自動車＞　技術基準が「道路運送車両法」の法令体系の中に規定され，その実施にも，型式認証や車検，リコールの制度という，規制行政機関の比較的強力な関与が想定されている．＜電気用品＞「電気用品安全法」の法令体系や「国内 CISPR 委員会」規格の中の技術基準が，自己・第三者認証や自主規制によって実施されている．

このように，規制法の策定と実施において，官と民がさまざまな形で「協働」しており，その「協働」の形態（関係アクターそれぞれの「裁量幅」）は，各分野の産業構造によってかなり規定される．

平田と村上の上記研究は，社会の科学（社会科学）の方法である．親しみが感じられるのは，エンジニアが自然現象や現場で起きることを観察するのと，同じだからだろう．

10.3　安全確保の規制行政

こうして先行の研究に啓発されて思うことは，科学技術の安全を確保する規制行政の，全体がどうなっているかである．

(1)　規制法の性格——警察的取締りから安全確保へ

わが国の規制法は，ある時期に，警察的取締りの法から，安全確保の法へと性格を変えたとみられる．道路交通の法がそれを象徴する．

すなわち，1960（昭和 35）年，それまでの「道路交通取締法」という名称を改め，「道路交通法」とする法改正があり，「単に警察的な取り締まりの根拠法ではなく，むしろあらゆる国民が安全に道路を通行するために積極的に順守すべき道路交通の基本法であると理解されるべきものである」（警察庁長官補足説明）[9]．

いま，日本全国の津々浦々，低い事故率で自動車が走っている．道路交通法にもとづく規制行政の，長い間の努力の積み重ねの成果である．科学技術の産物の危害を，国民が理解して，自動車の運転や道路の歩行を通じて参加

9　第 34 国会，参議院地方行政委員会（昭和 35〔1960〕年 2 月 18 日）議事録．同じ提案理由が昭和 35 年 2 月 26 日，衆議院地方行政委員会の議事録にもみられる．

することにより実現した．国民の，国民による，国民のための規制行政の成功例といえよう．

　以下において，道路交通規制をモデルにするのは，国民の多くがこの規制法（道路交通法）を知り，このように規制行政を経験していることから，科学技術一般の「国民の安全・安心の確保」の規制行政という問題を，国民一般にわかるようにする意味がある．

(2)　規制行政の原理

　範囲が広く，内容もさまざまだが，規制行政の原理をイメージすることから始める．

　何を規制するか——規制対象

　規制の対象は，科学技術を利用する事業，施設，設備，システム，製品，あるいはサービスであって，専門技術がかかわる．

　われわれに身近な道路交通法の車両のうち自動車（同法2条9号）に着目し，自動車およびそれを整備し運転することを含む一連のシステムがあるとみて，それを「自動車を運転するシステム」とすると，つぎのようにいえよう．

> 　自動車を運転するシステムは，道路において国民・公衆に接し，国民・公衆に危害を及ぼすリスクがあり，そこで，許容不可能なリスクの発現を抑止するための規制を必要とする．

　この自動車を運転するシステムが，道路交通法の規制対象となる．一般化すると，つぎのようにいえよう．

> 　事業，施設，設備，システム，製品，あるいはサービスは，国民・公衆または環境に接し，国民・公衆に危害を及ぼしまたは環境を害するリスクがあり，そこで，許容不可能なリスクの発現を抑止するための規制を必要とする．

　原子力発電の場合，同じ原理で，つぎのようにいえよう．

> 　原子力発電施設は，日本の国土において国民・公衆に接し，国民・公衆に危害を及ぼすリスクがあり，そこで，許容不可能なリスクの発現を抑止するための規制を必要とする．

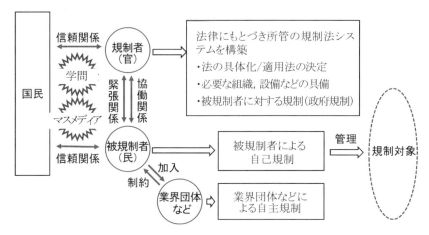

図 10.2　安全確保の規制行政の枠組み（概念図）

専門技術

　安全確保は，専門技術に大きく依存する．規制者，被規制者のいずれにおいても，専門技術への尊敬，そして，専門技術を担う者が，不当な干渉なしにその義務を遂行することができる自由がなくてはならない．

規制法

　規制法は一般に，一定の分野ごとに 1 件の法律が制定される．道路交通法は，当該分野で，国民・公衆の安全を確保することを目的とする，唯一の基本法である．ということは，当該分野において国民・公衆の安全確保に必要なことはすべて，道路交通法の範囲に入る．

　そこでは，自動車利用にかかわる人はすべて，法目的実現の「当事者」になる．道路交通法が，歩行者（同法 10 条）や「その場所に居合せた者」（同 14 条）の義務を規定するのは，その表れだろう．

(3)　規制行政の枠組み

　図 10.1 を拡張し，安全確保の規制行政の枠組みを描き（図 10.2），説明する．

　規制行政には，当事者として規制者と被規制者のほか，規制にかかわりあるいは規制の影響が及ぶ関係者がいる．当事者と関係者を合わせてステークホルダーといわれることがある．

規制者

規制者は，規制法にもとづき，自らの裁量により規制をする行政機関である．道路交通の規制では，道路交通法に，公安委員会（4条）を頂点とし，警察署長（5条），警察官または交通巡視員（6条）が規定されている．

規制者は，「規制法にもとづく所管のシステムを構築」すること（図 10.2 参照）に，一義的な責任を負う．規制者の裁量の権限は大きく，ともすれば，末弘が懸念した，「必要な制限が必ずしも行われない」，「不必要な制限が無用に人を苦しめる」ことになる．規制者の責務には，つぎの三つが含まれる（図 10.2 参照）．

① 法の具体化／適用法の決定

規制者は，規制法を具体化するために，命令（施行令，施行規則など）を，パブリックコメントを経て制定する（行政手続法 39 条）．それでも，施行令，施行規則などは一般的で抽象的な表現が多いので，解釈して適用する．こうして適用法の決定は，規制者の責任である．

② 必要な組織，設備などの具備

規制者は，規制のために必要な，自らの組織を備える．加えて，道路交通法では，規制者（公安委員会）は「信号機または道路標識等を設置し，及び管理」する（同法 4 条 1 項）．規制法の目的の実現のために，規制者が自ら具備すべきことが多々ある．

③ 被規制者に対する規制（政府規制）

従来，規制行政といえば，この「政府規制」であり，警察的規制といわれてきた．被規制者には，憲法で保障された，交通の権利・自由や，事業を営む権利・自由がある．規制者による規制はそれらを制限することになるが，被規制者は従わなければならない．

被規制者

規制法では，被規制者は規制者によって規制され，それに従うという，一見，受動的な立場にある．しかし，法律の文言に表れていない前提がある．

被規制者は，規制対象を，自らの管理下に置き，それを自ら運用する（図10.2 参照）．これが，前提である．被規制者は，管理下にある規制対象の安全確保に一義的な責任を負い，自主的に，自ら規制する．安全確保に必要であって被規制者に可能なことは，政府規制に含まれなくても，自己規制によって行う義務があると解される．

関係者

　当事者と，規制行政の影響が及ぶ「関係者」との区別は，必ずしも明確でない．たとえば道路交通規制において，自動車運転を中心に考えると，歩行者は，その影響を受ける関係者といえよう．ところが，歩行者は，「歩道等と車道の区別のない道路においては，道路の右側端に寄って通行しなければならない」（道路交通法 10 条 1 項）とあり，このように通行することでは，当事者本人である．

　① 業界団体

　代表例として，事業者が加入する業界団体がある．事業者は，業界団体に加入し，業界団体が行う自主規制の方針による制約を受ける（図 10.2 参照）．

　② 学協会

　図に「学問」と表示したが，関連の専門技術をもつ専門家や，土木学会，日本機械学会，安全工学会など学協会の参画がありうる．一般に，それらの公的活動をする学協会には，相応の社会的責任がある．

　③ 世論を背景とするマスメディア

　国民・公衆による世論が，規制行政に影響力を持つことはいうまでもない．そういう国民・公衆を背景とするマスメディアの動向が，世論を動かし，規制行政に影響を及ぼすことがありうる．例として，NASA によるスペースシャトルのチャレンジャーの打上げ決定の際，「マスメディアがスペースシャトルの遅延を多く大々的に報道したことが，圧力となった」（前出 87 頁参照）．

　国　民

　この国の主権者は，国民であり，国民の代表からなる議会が，規制行政の根拠となる規制法を制定する．規制者と被規制者は，それぞれの立場で，国民に対し安全確保の責任を負い，国民に信頼され，国民の期待に反しないようにしなくてはならない（図 10.2 参照）．

（4）　規制者と被規制者の関係（官民関係）

　被規制者は，「官」の場合もあるが，典型的には「民」であることから，「官民関係」と呼ばれることが多い．

　対等関係

　規制者と被規制者の関係は，わが国では，規制者が上で被規制者が下の，上下関係とみられることが多かった．しかし，日本は民主国であり，日本国憲法は，国民に基本的人権を保障し（憲法 11 条），すべて国民は，法のもとで

平等である（同 14 条）．そうであれば，規制側の官が，企業などの民より上位ということは，ありえない．行政制度上の仕組みとして，官が規制し民が従うことが，見た目には上下関係のように映るにすぎない．行政制度上，規制者が規制し被規制者が従うよう設定されているもので，基本的に，対等関係とみるべきだろう．

緊張関係・協働関係

規制者と被規制者は，科学技術の安全確保を共通の目的とし，対等の立場で規制し規制される関係の性質は，つぎのようにいえよう．

① 緊張関係

規制行政は，たとえば道路交通規制が，国民の交通の自由を制限するように，国民の権利を侵害する形になることが多い．侵害し侵害されるのは，普通の日本語では，「緊張関係」である．官による規制は，国民・公衆のためのものだから，厳格でなければならない．官と民は，その意味でも緊張関係にある．

② 協働関係

規制者と被規制者は，国民・公衆の安全や環境の保全という共通の目的に向けて，互いに協働すべき立場にある．両者がそれぞれ，専門技術を最新・最高のレベルに保つためにも，協働が有用である．

(5)　規制の構成——3 種類の規制の組合せ

規制行政の核心というべき重要なこととして，規制行政における規制は，単なる政府規制ではなく，自己規制を中心に，3 種類の規制が重なる．図 10.2 に，つぎの 3 種類の規制が示されている．

- ・規制者による被規制者に対する規制（政府規制）
- ・被規制者による自己規制（自己規制）
- ・業界団体などによる自主規制（自主規制）

この 3 種類の規制は，政府規制の主導のもと，自己規制を中心に，互いに補完的に作用し，全体として規制の目的を達する．

10.4　福島原子力事故後の規制改革

福島原子力事故後，政府はすぐに原子力規制組織の改革に着手した．この事故が起きるには規制組織に問題があった，との認識にほかならない．

事故後の規制改革

改革は，2011（平成23）年8月15日閣議決定により，「規制と利用の分離」の観点からの組織の見直しに始まる[10]．

それまで，原子力の「利用」の行政と，原子力の「規制」の行政とが，同じ経済産業省の所管だった．利用と規制は，利益が相反する関係にあり，所管が同じでは，厳しい規制の妨げとなる．それに，原子力規制が複数の省庁に分かれていた．経済産業省資源エネルギー庁の特別の機関とされていた原子力安全・保安院が，規制を担い，それを，内閣府に置かれた原子力安全委員会がダブルチェックする仕組みだったが，縦割り行政の弊害があった．

この見直しにより，2012年9月，環境省の外局として原子力規制委員会が設置されて，規制の事務が一元化された．

10.5　旧制度下の「規制の迷走」

旧制度下で起きた福島原子力事故の，根本原因1の「規制の迷走」（前出91頁，92頁参照）には，つぎに示す3態があったとみられる．学問の空白があり規制行政のルールが不明のまま，規制組織にも問題があってなされたことであろう．

第1態——QMS規制の迷走
日本保全学会の報告による[11]．

2002年，東京電力の自主点検記録の不正問題が発生した．再発防止対策として，2003年，「実用発電用原子炉の設置，運転等に関する規則」が改正され，品質保証計画にもとづく保安活動が義務づけられた．事業者は，これと時期を合わせて制定された民間規格「原子力発電所における安全のための品質保証規程（JEAC4111-2003）」にもとづき，QMS（品質マネジメントシステム）を導入することになった．

これは導入当初から混乱を生じ，原子力事業者に膨大な検査書類の作成に多大な労力を強いるものとなった．規制当局も全ての記載事項に誤記が無いように一字一句入念に書類をチェックするような厳しい検査をしたにもかかわらず，有効に機能せず，福島事故に至った．QMSの導入は，…規制当局にとってはマンパワーを要する検査を行うこととなり，また原子力事業者にとっては，細部までの確認を受ける検査となったことから，結果的に，原子力事業者の自律的な活動を妨げることとなり，

10　内閣官房「原子力安全規制に関する組織の見直しについて」（平成23年8月）．
11　日本保全学会QMS分科会「原子力規制におけるQMSの役割と適正な運用―原子力規制委員会への提言」（2012年9月14日）．

保安検査の「あるべき姿」から遠ざかる結果となった.

事実関係

東京電力の報告[12] に, 品質保証計画の実情につき以下の記述がある.

当社は上述のような状況にあっても, 自らの技術力を向上させ, 安全を高めていなければならないが, 保安規定上の指示・指導は法令要求にも直結することから, 当社の対応も品質保証上の対応として, マニュアル整備やエビデンス作成に傾注するようになった. さらに, QMS では顧客の設定を行っており,「国民の付託を受けた原子力安全規制」を「原子力発電所の顧客」と位置づけていることもあり, 保安検査官の指摘に従うこと, すなわち規制の要求さえ満足していれば十分という風潮を生むこととなった.

論 点

この実状は, 被規制者（事業者）を混乱させることになった.

① 規制機関と事業者の関係

規制行政の国民的基礎は, 法律（原子炉等規制法）にある.「国民の付託を受けた原子力安全規制」を「原子力発電所の顧客」と位置づけているが, 正しくないと思われる. 事業者にとって規制機関は,「顧客」ではない. 規制機関と事業者は, ともに, 安全確保の当事者であり, 国民は, 双方を信頼して, 安全確保を付託している. 双方が緊張関係と協働関係のもとで, 安全確保を果たすことが, 法律の期待であり, 国民の期待である.

② 処方箋的な規制

上記の実状は, 規制機関がこまごまと指図する, 処方箋的な規制（前出 20–21 頁参照）を示している. 安全確保の中心は, 被規制者の自己規制にあり, 政府規制はそのことを前提とするものである.「規制の要求さえ満足していれば十分という風潮を生むこととなった」というのは, 処方箋的な規制が, 当事者の責任を放棄させ, 無気力にしたのだろう.

第 2 態——「官庁とマスコミの結びつき」効果

QMS 規制の迷走と同時期の出来事である.

事実関係

2002 年, 東京電力のトラブル隠しが露見し, 2003 年に前記 QMS 迷走が始まり, 2007 年, 経済産業大臣は, 水力, 火力を含む発電設備の総点検として, 過去のデータ改ざん等の内容と再発防止対策とを総括した.

この総点検は,「事実を隠さずに出すように」との方針を貫き, 事業

---

12 東京電力株式会社「福島原子力事故の総括および原子力安全改革プラン」(2013 年 3 月 29 日).
英訳：TOKYO ELECTRIC POWER COMPANY, Fukushima Nuclear Accident Summary and Nuclear Safety Reform Plan, TEPCO, Tokyo (2013).

者の姿勢を正した．その反面，規制機関の権威のもとに事業者の法令違
反を列挙したから，国民は，これほどひどいのか，と事業者に対する信
頼を下げた．

　この「発電施設におけるデータ改ざん等の総点検の作業等のため，平
成 18（2006）年 11 月から平成 22（2010）年 9 月までの約 4 年間，審議
中断を余儀なくされた」（政府事故調報告，356 頁）．

　当時，規制行政に「トラブル隠し」，「隠ぺい」，「改ざん」などを責め
る傾向があった．2007 年，郷原信郎は，「官庁とマスコミが結びついた
圧倒的なプレッシャー」が，「時として企業や団体を社会的な抹殺に等
しいところまで追い込んでいく」として，問題を提起した．不二家，「白
い恋人」，「赤福餅」などの問題は，一般国民にも知られた．

　論　点
　① 国民の信頼

　規制機関が事業者の違反を大々的に公表し，マスメディアで増幅され
て国民に伝わり，事業者が国民の信頼を損ね，国民的非難を受ける．違
反の重みと，非難の程度とがつり合っていればよいが，そうでない場合，
マスメディアや国民の反応を，規制機関がコントロールできるだろうか．

　② 価値観とモラルの意識の混乱

　データ改ざん等が，政府によって最高の関心事として取り上げられ，
繰り返しマスメディアに乗って周知された．安全確保のために何が重要
かの価値観が混乱し，人々のモラルの意識が揺らいだことがありえよう．

第 3 態──「規制当局が事業者の虜」

国会事故調報告で，福島原子力事故の原因とされた事象である．

　事実関係

　国会事故調報告は，事実関係を，つぎのように認定している．

　政界，官界，財界が一体となり，国策として共通の目標に向かって進
む中，複雑に絡まった「規制の虜（Regulatory Capture）」が生まれた．
そこには，ほぼ 50 年にわたる一党支配と，新卒一括採用，年功序列，
終身雇用といった官と財の際立った組織構造と，それを当然と考える日
本人の「思いこみ（マインドセット）」があった（同報告，はじめに）．

　専門性の欠如等の理由から規制当局が事業者の虜となり，規制の先送
りや事業者の自主対応を許すことで，事業者の利益を図り，同時に自ら
は直接的責任を回避してきた（同，18 頁）．

　日本の原子力業界における電気事業者と規制当局との関係は，必要な
独立性および透明性が確保されることなく，まさに「虜」の構造といえ

る状態であり，安全文化とは相いれない実態が明らかとなった（同，42頁）．

　論　点

　電気事業者と規制等当局は，一方で緊張関係，他方で協働関係にあるのだが，後者が適切でない方向になると，「虜(とりこ)」の構造となる．

以上，全3態ともに，規制行政のあり方に問題があったことを示している．

(討論1) 日本の規制行政をめぐって

　日本の社会では，「コンプライアンス」として認識されるにとどまった問題だが，規制行政は，科学技術の安全確保に支配的な影響があることが，理解できただろうか．つぎのうち，適切でないのはどれか，討論しよう．

□「法律」と「命令」を「法令」といい，法律は，議会の議決を経て制定され，命令は，パブリックコメントを経て行政機関が制定する．

□ 行政は法律にもとづくことを「法律による行政」原則といい，法は被治者のみならず支配者をも拘束することを，法の両面拘束性という．

□ 第二次世界大戦後，明治憲法から日本国憲法への転換があったが，政府は誤りをしないこと（無謬(むびゅう)）は，絶対不変の真理である．

□ 学問に対しては，科学技術，政治，経済などの必要に対応し，指導的，啓蒙的な役割を果たすようにとの社会の期待がある．

□ 人間は誤りをするものである．大切なことは，先人の誤りを，後に続く者が見つけて是正することである．

10.6　まとめ

　安全文化は，科学技術の安全確保の枠組みだが，日本では理解困難だった問題点は，規制行政への正当な関心を欠くことにあった（第6章参照）．なぜかというと，①規制行政の学問が空白であった，②明治憲法から日本国憲法への転換，つまり国民主権への転換への対応があいまいだった，③規制組織に「規制と利用の分離」がなく，縦割りの不合理があった，ために福島原子力事故の根本原因1の「規制の迷走」となったとみられる．

　すでに学問では，法学，行政学の前進的な研究によって解明が進んでいる．その延長上で，わが国における規制行政の成功例，すなわち道路交通の規制で知られたことをベースにして，規制行政の枠組みを描いた．なお不十分ではあるが，科学技術の安全確保のさらなる発展への一石となるとよい．

北海道・十勝で二十年以上、草を主体に牛を飼い、安全な食べ物作りを目指してきた。

異常プリオンに侵された牛は全体の量から見ればごく少量だ。しかし、可能性があるということで何百億円分の牛肉を処分しなくてはならない。

私自身は「顔の見える関係」と称してきめ細かい流通網をつくってきたつもりだが、信頼だけでなく証明が必要な時代になってしまった。

宮島 望（農事組合法人共働学舎新得農場代表）「実を伴う安全証明が必要」より。

朝日新聞、二〇〇一年一一月二四日二面（傍点は本書筆者による）。

第 11 章　説明責任

　本章では，説明責任の取り組み事例として，原子力発電，化学物質の安全性，遺伝子組換え食品を取り上げ，説明責任の実情と課題について考えてみたい．最後にリスクコミュニケーションの考え方を紹介する．

11.1　説明責任と信頼関係

　説明責任と信頼関係は，互いに支え合う密接な関係にある．

説明責任

　説明責任は "accountability" の訳語で，説明が必要な事柄，また，説明を求められた事柄について，当事者が十分な説明を為すべき責任のことをいう．

　技術に関する判断は，それぞれの分野の専門家でなければ的確な判断が難しい．一般社会はこれらの判断に後から同意することになるが，決定された過程と理由については「知る権利」がある．

　技術者は自分の専門分野においては専門家であるが，自分の専門外では素人である．一般人（公衆）の立場に立てば「なぜそのような決定がなされたか」を，その専門分野の専門家から説明してほしいと考える．自分が他人に欲することを，他人も自分に欲していると考えれば，善良なる技術者として，社会に対する説明責任を果たすことが求められる．

信頼関係

　説明責任の前提は，一つ目は，説明する者と説明される者との間の信頼関係が必要なことである．信頼関係がなければ，いくら言葉を尽くして説明しても，相手には響かない．

　説明する側としては，十分に説明したのだから，それでわからないのは説明される側の責任だ，と突き放したくなるが，説明責任はそうではない．

　説明責任は，あとで述べる情報開示とは異なる．説明責任は，信頼関係を確認しながら情報を与える責任といえよう．説明責任と表裏をなして守秘義務（秘密保持義務）がある．説明責任を負う相手の情報は，その承諾を得ないで他の人に漏らしてはならない．

　二つ目は，技術関係の情報のほとんどはマスメディアを通して社会に伝え

られることである．しかし，マスメディアは情報のオリジナルな作り手ではなく，技術者等の専門家からの情報提供にもとづいて社会に情報を発信している．すなわち，マスメディアと良いコミュニケーションを持ち，的確に情報を提供しないと，公衆に対する説明責任は果たされない．

　敵対関係にある人との間に，信頼関係はなく，説明責任を想定することは難しい．信頼関係を築く努力をしたうえでその限界が，説明責任の限界でもある．しかし，敵対者には何も情報を与えなくてよいかというと，そうではなくて，同じ社会，同じ国に住むときは，法律や社会慣習が求める情報開示（disclosure）はしなくてはならない．

医師と技術者の説明責任

　医師も技術者も専門職業に従事しているが，その立場には違いがある．

　医師における説明責任は，インフォームド・コンセントといわれるように，医師は患者に対して患者の病状や治療法の「情報を開示」し，患者はその情報を知る権利があり，医師の処方に同意して治療が行われる．患者は，医師が患者に対して最適な処方を施すものと信頼し，かつ，その間のやり取りは外部には洩らされないことを信じている．そこでの人間関係は，基本的には，一人の医師と一人の患者との関係である．

　ある医師が，心が優しく，親切で，説明がうまい人なら，患者の気質，理解力などの事情も考慮して納得がいくように説明し，患者に対する説明責任を果たすことができる．患者が医師の説明に納得するには，特定の一人の医師に対する信頼感がある．かかりつけの医師なら当然そうだし，初めての医師でも，態度，言葉遣いなどから，患者はこの医師は信頼できそうだとか，あまり当てにならないといった評価をするものである．

　技術者も一人の専門職として，医師と同様の立場におかれるが，技術者が作り出すものは，不特定多数の公衆が利用することになる．

　技術者が設計し建設する道路，橋，鉄道などは，不特定多数の公衆が利用する．技術者が働く企業が大量生産する製品は，市場を通じて不特定多数の消費者に渡る．すなわち，技術者と社会との間には，二通りの関係がある．顧客との契約関係にもとづく人間関係と，不特定多数の公衆を相手とする人間関係とである．後者の場合，技術者と，最終受益者である公衆や消費者との間に，直接の人間関係はない．

　科学技術は本来，説明しても公衆にはわかりにくい．公衆は科学技術がよ

くわからないので専門家である技術者を必要とするのだから，いくら説明しても，技術者ほど理解できるはずがない．ここに技術者の説明責任を果たすうえでの難しさがある．

11.2　説明責任（1）原子力発電

原子力発電に対して日本社会はネガティブな印象を持っている．そのために原子力発電所の建設に際して反対運動が起き，住民の理解を得ることが難しかった．その結果，建設促進の手段として，『絶対安全』という言葉が生じたと考えられる．

しかし，『絶対安全』は『リスクゼロ』と同義語であり，絶対安全を求めることは，「リスクがどんなに小さくても許容されない」ことを意味しており，現実には絶対安全は存在しないし，科学的にも実現不可能である 。

「絶対安全」はなぜ生まれたのか

多くの原子力関係者は「原子力は絶対に安全」などとは考えていなかった，という．福島原発事故が起きる 10 年前，原子力安全委員会[1]の原子力安全白書に，絶対安全が生まれた背景が記載されている[2].

「安全神話」について

原子力の利用においては，不幸にして周辺住民に影響を与える事故も経験している．一方，1999 年の JCO 事故の発生後,「原子力は絶対に安全」という過信に依存した原子力関係者の姿勢が，事故の背景にあった，との指摘（いわゆる「安全神話」批判）がなされた．

多くの原子力関係者が「原子力は絶対に安全」などという考えを実際には有していないにもかかわらず，こうした誤った「安全神話」がなぜ作られたのだろうか．その理由としては以下のような要因が考えられる．

① 他の分野に比べて高い安全性を求める設計への過剰な信頼
② 長期間にわたり人命に関わる事故が発生しなかった安全の実績に対する過信
③ 過去の事故経験の風化
④ 原子力施設立地促進のための PA（パブリック・アクセプタンス＝公衆による受容）活動のわかりやすさの追求

1　かつて，原子力安全委員会（文科省）は，原子力安全・保安院（経産省）とともに，原子力安全の行政を担った．福島原発事故後の 2012 年，新たに原子力規制委員会が設置され，原子力の規制行政が一元化された．

2　原子力安全委員会「原子力安全白書　平成 12 年度版」25 頁（2001）.

⑤　絶対的安全への願望

　こうした事情を背景として，いつしか原子力安全が日常の努力の結果として確保されるという単純ではあるが重大な事実が忘れられ，「原子力は安全なものである」という PA のための広報活動に使われるキャッチフレーズだけが人々に認識されていったのではないか．

　原子力関係者は，常に原子力の持つリスクを改めて直視し，そのリスクを明らかにして，そのリスクを合理的に到達可能な限り低減するという安全確保の努力を続けていく必要がある．

　このうち，④ PA（パブリック・アクセプタンス＝公衆による受容）活動は，原子力施設の立地促進のために絶対安全といわざるを得なかったことである．社会が，マスメディアを中心に「安全か？ 安全でないのか？」という単純形で関係者を問い詰めたことが，“絶対安全”といわざるを得ないような状況に追いこんだものと考えられる．

　これは，とても重要なことである．上に引用した原子力安全委員会の主張は，適切な内容だ．しかし，マスメディアは，毎日の新聞で，毎時のテレビで，繰り返し訴える．公衆に対する説得力は大きい．それに比べて，原子力行政は原子力安全白書という年 1 回の刊行物に記載するのみで，それ以上のことはしなかった．

リスクと説明責任

　英国の保健安全執行部（HSE）が 1988 年に，安全目標とともに打ち出したALARP[3] 原則（図 11.1）は，日本の原子力でも知られた [4].

　図の三角形の横幅がリスクの大きさを示しており，広く受容できる領域（安全）が「リスク ゼロ」ではないことがわかる．ALARP の考え方は，安全か危険かという 2 区分の判断ではなく，「広く受容される領域」と「受容されない領域」との間に「我慢できる領域（ALARP 領域）」があり，受け入れの可否が「改善されるリスクとリスク低減に要する費用」とのバランスによって判断される，いわば灰色の領域である．このわかりやすい図は，安全行政は国民一般のためのものであり，その説明責任を果たす工夫にほかならない．

　日本は長年，「絶対安全」を希求してきた結果，原子力関係者は情報を開示することに過敏とも思われる警戒心を持つことになった．「原子力発電にはリスクがある」ことを，関係者が認識しながらも，社会に説明できなかった．

3　ALARP：As Low As Reasonably Practicable
4　原子力安全委員会「原子力安全白書　平成 13 年度版」138 頁（2002）.

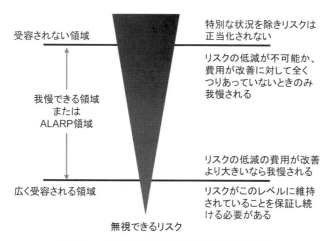

図 11.1　ALARP の原則における安全のレベル[4]

本来ならば，地震・津波等のリスクに備えての対策についての検討を，国民にわかるように公表すべきであったのに，そうすれば，「安全ではない設備を導入したのか」という議論が懸念されたのであろう．そうして福島原発事故は起きた．

事例 1　福島原発事故

福島原発事故の概要を，政府事故調報告[5]の抜粋によって示す．

　原子力施設の安全は，「止める機能」，「冷やす機能」，「閉じ込める機能」により確保される仕組みである．

　平成 23 年 3 月 11 日 14 時 46 分，三陸沖を震源とするマグニチュード（M）9.0 の地震が発生した．福島第一原子力発電所では，1 号機は，定格電力出力一定運転を，2 号機および 3 号機は，定格熱出力一定運転を行っていた．4 号機は，定期検査中で，全燃料が使用済燃料プールに取り出されていた．5 号機および 6 号機は定期検査中であった．

　津波の第 1 波は 15 時 27 分ごろ，第 2 波は 15 時 35 分ごろ，福島第一原発に到達している．浸水高は，1 号機〜4 号機エリアで 11.5 〜 15.5m（女川港工事基準面による）であり，敷地高 10m だから，浸水深 1.5 〜 5.5 m であった．5 号機および 6 号機エリアでは，浸水高 13 〜 14.5m で，敷地高 13m だから，浸水深は 1.5 m 以下であった．

　福島第一原発では，「止める」機能は，原子炉スクラム（＊自動的な緊

5　東京電力福島原子力発電所における事故調査・検証委員会（政府事故調）「中間報告　第 2 章」（2011 年 12 月 26 日）．

急停止）により地震後に達成されたものとみられる．しかし，以下のとおり「冷やす機能」が失われた．

　非常用海水ポンプは，交流電源で動き，熱交換器を除熱するための冷却水となる海水を供給する．すべて海側に設置されていたことから，津波により何らの損傷を受けた可能性がある．

　外部電源は，交流電源を所外から供給するが，地震動による鉄塔の倒壊等により，給電が停止した．非常用ディーゼル発電機（DG）は，外部電源が喪失したときに，交流電源を供給するもので，各号機に 2 台（6号機は 3 台），計 13 台が設置されていた．地震発生直後，外部電源の供給が停止したことから，すべての非常用 DG が起動した．津波到達後，一部を除きすべての非常用 DG が機能を喪失した．その結果，6 号機を除き，1 号機〜 5 号機は，全交流電源を喪失するに至った．1 号機および 2 号機では，直流電源も喪失する全電源喪失の状態となった．

　福島第一原子力発電所のシビアアクシデントは 1 〜 3 号機で起き，5, 6 号機では抑止できた．6 号機の非常用 DG および冷却系海水ポンプの電動機は，2002 年のかさ上げ対策によって，津波から守られていた．

　(討論 1)　技術者にとって，安全の要素ごとに一つずつ地道に対策をとり，その努力が正当に評価される社会であってほしい．それには，原子力発電の持つリスクとベネフィットとを，正直かつ誠実に公表し，社会への説明責任を果たすことにより，国民と共通の理解を形づくる必要があると思うが，この考え方について討論しよう．

原子力における説明責任の条件

　説明責任を果たすには何が求められるだろうか．鷲見禎彦氏とのインタビュー[6]を，筆者（中村）が要約した（表 11.1）．技術者出身の経営者の，実務にもとづく経験則である．原子力関係者に限らず，多くの分野の科学技術者が説明責任を果たすうえで参考になると考える．

　福島第一原発事故は起きてしまったが，近年，原子力関係者はリスクが存在することを公表するようになり，事故など起きても速やかに発表するようになっていた．ようやく情報開示が進み始めていたのである．

　1994 年に起きた「もんじゅのナトリウム漏出事故」を反省し，技術者が地元市民とひざを交えて話し合う「サイクルミーティング（出前説

6　NPO 科学技術倫理フォーラム編『説明責任 内部告発—日本の事例に学ぶ』丸善，87 頁（2003）．鷲見禎彦氏は当時，日本原子力発電株式会社社長．

表11.1　鷲見禎彦氏とのインタビューの要点

1．技術者がいるということ	・原子力は，危険なものを，技術者が管理することによって，安全に運転できている．その業務に携わっている原子力技術者は，もっと社会に情報を発信すべきである．
2．説明責任	・異常なことがあれば，ただ単に修理しそれで動かすということではなく，それを国・県に公表，プレス発表し，異常内容と対策をオープンにしてやっていく． ・事象が起きれば直ちにそれを伝える．原因を考えると発表が遅れるので，事実を速やかに報告する． ・技術屋は機械が相手で人と接することを得手としないが，コミュニケーションを図るには，人にうまく説明する技術が求められる．人間には感情がある．技術者が，いかに正直かつ誠実に説明するかが重要である．
3．信頼関係	・「誠実さ」が，相手に伝わるような人間であってもらいたい．彼のいうことは信用できるという人間になってほしい． ・何事もオープンにしてガラス張りにして言う． ・誠意をもって隠しごとなく説明すればジャーナリストも分かってくれる．小さいことでも見せないと，そこに何があるのだろうと，人間の好奇心が働いてくる．
4．お互いに人間であること	・反対する人も，私も，同じ人間として幸せを求めている．人間は千差万別だが，お互いに人間である．お互いに十分話し合えば，フィロソフィーは平行線であっても，どこかで一緒になれるところが出てくる．それが，コミュニケーションのお互いの共通基盤になる．
5．無理をしない	・一人ひとりが自分の気の付いたことを，積極的に発言し，組織の中で改善していく．そんなことをしたら危険ではないかという発言を誰でもできるような風通しの良い会社にしたい．

明会）」が行われている．2001年12月にスタートし，既に600回以上，延べ18,000人以上が参加し，「もんじゅ」を理解するための双方向のコミュニケーションを重視したものである．参加した市民は "内容はよくはわからないけど，あの人が良い人だということがよく分かった."

　一方，講師を務めた技術者は "街を歩いていると声をかけられる機会が目立って増えた." と感想を述べている．出前説明会によって，どんな人が原子炉を動かしているのかが分かり，顔が見えるから信頼感が生まれるわけで，技術者が自分の言葉で語るところに意味がある．このような地道な活動が，リスクコミュニケーションには必要である[7]．

日本原子力学会は2011年7月4日「情報開示姿勢に対する改善要請に関す

7　読売新聞，2010年10月26日13面「『もんじゅ』の出前説明会 定着」．

る声明」を発表し，つぎのように述べている[8].

　　今回の原発事故においては，情報開示プロセスが不透明であり，かつ
　情報が錯綜し，そのことが国民の抱いている不安に拍車をかけた．事故
　の状況や放射性物質による環境汚染の状況について，開示するべき情報
　を保持していたにもかかわらず，適切に開示してこなかった結果，一般
　住民の被曝被害の拡大を招いた可能性があるということは，情報に対す
　る信頼性を揺るがす大きな問題である．

　一度失われた信頼は容易に回復するものではない．東電に対する否定的な
感情（許せない／裏切られた）はいまだに残っており，原子力発電に対するリス
ク認識は原発事故前よりも一層「怖い」となっている．ここに説明責任の難
しさと重要性を感じる．

11.3　説明責任（2）発がん性物質の安全性

　福島原発事故により放射性物質が漏出し，科学者の間からさまざまな意見
が出され，多くの国民が戸惑うことになった．

　そのことをめぐり，2011 年 6 月 17 日，日本学術会議会長談話が発表された（表
11.2）[9]．この談話はマスメディアに大きく取り上げられることはなく，社会は
緊急時においても，平常時と同様の基準を求めた．日本社会のリスク感覚が，
国際的なリスク感覚とは少しずれているのなら，その背景には，技術者の社
会への説明責任が果たされていないことがある．

　化学物質にも，放射線被曝と同様に，発がん性物質がある．化学物質には「用
量－反応関係」があり，ほとんどの化学物質には，これ以上少ない量ならば
影響が出ないという閾値を持っている（表 11.2）．しかし発がん性物質は閾値
のないことが多い．

　閾値がないということは，非常に少量の暴露や摂取でも何らかの影響が出
る可能性があり，その物質に触れる以上，リスクをゼロにはできない．すな
わち，発がん性物質のリスクに対応するには，「使用禁止」か，または「無視
できるレベルを設定し，それを許容量とする」のいずれかを選ばざるを得ない．

　そこで，図 11.2 に示すように，実質安全量として 10^5/生涯を設定し，それ
に対応する使用量を実質安全量（VSD〈mg/kg/day〉：Virtually Safe Dose）と

8　日本原子力学会：プレスリリース「情報開示姿勢の改善要請に関する声明」2011 年 7 月 4 日.
9　日本学術会議会長談話「放射線防護の対策を正しく理解するために」平成 23 年 6 月 17 日.

表 11.2　日本学術会議会長談話
「放射線防護の対策を正しく理解するために」（要旨）

1．放射線の健康に対する影響には，白血球の減少や脱毛のような，「しきい値」
　　と呼ばれる線量を超える放射線を受けたときだけ現れて，しきい値以下では
　　影響が出ない「確定的影響」と，しきい値が存在せず線量に比例してがんの
　　確率が増える「確率的影響」とがある．今回の漏出した放射性物質による一
　　般の人々の被ばくは，しきい値のない確率的影響に関するものである．
2．がん発生確率は，100 mSv では，0.5％程度増加するが，これは 10 万人規
　　模の疫学調査によっては確認できないほど小さなもので，受動喫煙や野菜摂
　　取不足によるがんの増加より少ない．
3．国際放射線防護委員会（ICRP）の防護基準
　　①医療や事故における救助作業のように，個人あるいは社会の利益が放射
　　　線の被害を上回るときには被ばくが正当化される．
　　②緊急事態に対応するには，一方で基準の設定によって防止できる被害と，
　　　他方でそのことによって生じる不利益（たとえば大量の集団避難による
　　　不利益，その過程で生じる心身の健康被害等）の両者を勘案して，リス
　　　クの総和が最も小さくなるように最適化した防護の基準を立てること
　　③平時の場合であれ，緊急の場合であれ，個人の被ばくする線量には限度
　　　を設定する．
4．今回のような緊急事態では，年間 20 ～ 100 mSv の間に適切な基準を設け
　　て防護策を講じる．
5．これを受けて，政府は年間 20 mSv という基準を設けた．

している．実質安全量をどのくらいの数値にするかは，リスク管理ポリシー
の問題で，科学ではなく合意形成の問題である [10]．

　唐木英明は「ゼロリスク」に対して下記のように述べている．

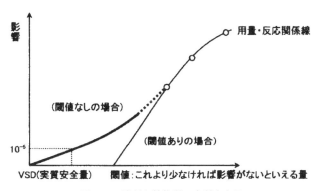

図 11.2　発がん性物質の実質安全量

10　花井荘輔『初めの一歩！化学物質のリスクアセスメント―図と事例で世界を広げよう』丸善
（2003）．

　安全の確保には費用がかかるが，ゼロリスクの基本にあるのは，「人の健康と命は，何よりも重要であり，費用の多寡などは考えるべきではない」という考え方である．至極もっともであり多くの共感を得るが，あるリスクをゼロにするために無限の費用をかけることは不可能である．さらにリスク管理のための規制を100％守らせることも難しく，結局はリスクが発生する．それではどの程度のリスクなら受け入れられるのか．費用と効果のバランスをどこに置くか．これらの点について合意を得ておくことが重要である．結局は，「ゼロリスク」か「費用対効果」かの争いになる[11]．

　米国もかつて「ゼロリスク」を志向していた．1958年，米国連邦食品医薬品化粧品法にはデラニー条項（Delaney clause）があり，動物試験で発がん性が認められた物質の食品への使用を全面禁止していた．しかし，検査技術の発達とともに，ほとんどの化学物質は使用量が多ければ，動物にがんを起こす可能性があることがわかってきた．その結果，実際に使用する量が，発がんのおそれがない極めて少量であっても，その物質が使用できないという不都合が生じた．そこで1996年の食品品質保護法の成立とともに，デラニー条項は廃止された．

　(討論2)　日本社会は「ゼロリスク」を志向しているが，国際的には実質安全量を設定して，閾値のない物質を使用している．このことをどのように考えるか．

11.4　説明責任（3）遺伝子組換え食品

　遺伝子組換え（GM，genetically modified）食品は，米国のモンサント社が除草剤に耐性のある作物を作ろうと，大豆に遺伝子を組み込んだのがきっかけだった．GM作物で除草剤に強い大豆と害虫に強いトウモロコシとが，輸入によって日本に登場したのは，1996（平成8）年のことである．食品の安全性と，生物の多様性の保全，という二つの問題がある．

食品の安全性

　米国やカナダは，GM農産物の安全性は確認されているという考えで，表示義務は一切ない．一方，EUは，BSE（牛海綿状脳症，狂牛病）に苦しんだ経

11　唐木英明「安全の費用」安全医学，第1巻，第1号，2004年3月．

験もあって，GM 技術に対して慎重な立場をとり，1998 年から GM 作物の新規認可を凍結していたが，2004 年 5 月，スイスの農薬・種子大手シンジェンタ社の害虫抵抗性スイートコーンの，域内での販売を承認し，個別に安全性の評価を進める方針でようやく動き出した．日本の姿勢は，米国と EU の中間程度と考えられる．このように世界統一の表示基準には至っていない．

厚生労働省は 2012 年，遺伝子組換え食品の安全性について見解を示した [12].

1. 遺伝子組換えとは，生物の細胞から有用な性質を持つ遺伝子を取り出し，植物などの細胞の遺伝子に組み込み，新しい性質を持たせることをいう．
2. 従来品種との違いは，生産者や消費者の求める性質を効率よく持たせることができる点にあり，たとえば味の良い品種に乾燥に強い遺伝子を組み込ませると，味がよく乾燥にも強い品種になる．
3. 日本で安全性が確認され，販売流通が認められているのは，大豆，ジャガイモ，菜種，トウモロコシ，綿，甜菜，アルファルファ，パパイヤの食品 8 作物，添加物 7 種類（15 品目）である．
4. これらの食品は，さまざまなデータにもとづき，組み込んだ遺伝子によって作られるたんぱく質の安全性や組み込んだ遺伝子が間接的に作用し，有害物質などを作る可能性のないことが確認されており，食べ続けても問題はない．
5. 市場に出ている遺伝子組換え食品は安全性が確認されている．厚生労働省は，食品安全委員会に安全性の評価を依頼し，安全性に問題のないことを確認している．
6. 遺伝子組み換え食品には表示が義務づけられている．

当初，GM 食品は安全性が確認されているのだから，わざわざ表示するのはかえって誤解を招く，という理由で表示は義務づけられていなかった．しかし，不安を感じる消費者から，どの製品に使われているかに対する表示の要望が強くなり，2000（平成 12）年，農林水産省は，JAS 法（農林物資の規格化及び品質表示の適正化に関する法律）を改正して，「加工食品の品質表示基準」を設け，「遺伝子組換えに関する表示に係る基準」を定めた．

当時，食品表示の基準が，食品衛生法，JAS 法および健康増進法に分かれていた．2013（平成 25）年，消費者基本法にもとづく消費者政策の一環として，新たに「食品表示法」を制定し，これらを統合して食品の表示に関する包括

---

12 厚生労働省医薬食品局食品安全部「遺伝子組換え食品の安全性について」2012 年 3 月.

表 11.3 遺伝子組換えに関する表示に係る基準 *

加工食品	対象農産物
1 豆腐・油揚げ類	大豆
2 凍豆腐，おから及びゆば	大豆
3 納豆	大豆
4 豆乳類	大豆
5 みそ	大豆
6 大豆煮豆	大豆
7 大豆缶詰及び大豆瓶詰	大豆
8 きな粉	大豆
9 大豆いり豆	大豆
10 1 〜 9 までに掲げるものを主な原料とするもの	大豆
11 大豆（調理用）を主な原材料とするもの	大豆
12 大豆粉を主な原材料とするもの	大豆
13 大豆たん白を主な原材料とするもの	大豆
14 枝豆を主な原材料とするもの	枝豆
15 大豆もやしを主な原材料とするもの	大豆もやし
16 コーンスナック	とうもろこし
17 コーンスターチ	とうもろこし
18 ポップコーン	とうもろこし
19 冷凍とうもろこし	とうもろこし
20 とうもろこし缶詰及びとうもろこし瓶詰	とうもろこし
21 コーンフラワーを主な原材料とするもの	とうもろこし
22 コーングリッツを主な原材料とするもの（コーンフレークを除く）	とうもろこし
23 とうもろこし（調理用）を主な原材料とするもの	とうもろこし
24 16 〜 20 に掲げるものを主な原材料とするもの	とうもろこし
25 冷凍ばれいしょ	ばれいしょ
26 乾燥ばれいしょ	ばれいしょ
27 ばれいしょでん粉	ばれいしょ
28 ポテトスナック菓子	ばれいしょ
29 25 〜 28 に掲げるものを主な原料とするもの	ばれいしょ
30 ばれいしょ（調理用）を主な原料とするもの	ばれいしょ
31 アルファルファを主な原料とするもの	アルファルファ
32 てん菜（調理用）を主な原料とするもの	てん菜
33 パパイヤを主な原材料とするもの	パパイヤ

* 食品表示基準（平成 27 年 3 月 20 日内閣府令）別表第 17；遺伝子組換えに関する表示に係る加工食品品質表示基準（平成 26 年 12 月 25 日消費者庁告示）別表 2

的かつ一元的な制度を創設した．2015（平成 27）年の内閣府令「食品表示基準」がそれである．同時に，表示は消費者庁の管轄に一元化された．

　表示義務の対象となるのは，大豆，とうもろこし，ばれいしょ，菜種，綿実，アルファルファ，てん菜およびパパイヤの 8 種類の農産物と，これを原材料とし，加工工程後も組み換えられた DNA またはこれによって生じたたんぱく質が検出できる加工食品 33 食品群（表 11.3）と，高オレイン酸遺伝子組換え大豆およびこれを原材料として使用した加工食品（大豆油等）である．大豆油

やしょうゆが，加工食品 33 食品群に含まれず，表示の対象外であるのは，組み込まれた遺伝子やその遺伝子が作るたんぱく質が，加工の際の加熱や精製によって残らないので，技術的に検出できないためである．

日本の輸入実態は，2014 年，米国からの輸入が，大豆は 65.4%，185 万トンで，米国における大豆栽培の 93% が GM 品である．トウモロコシは 83.6%，1,257 万トン，トウモロコシ栽培の 93% が GM 品である [13]．輸入価格は，GM（不分別）に比べ，非 GM（分別 [14]）は，2007 年産が 33% 高，2008 年産が 55% 高で [15]，割高になっている．米国では栽培しやすい GM 品に押され，生産が細っているためだ [16]．非 GM にこだわっていては必要な原料の確保が難しい状況になってきている．

生物の多様性の保全

生物多様性条約（生物の多様性に関する条約）[17] は，国連環境計画（UNEP）のもとで，生物の多様性を包括的に保全し，生物資源の持続可能な利用を行うための国際的な枠組みとして，1992 年に採択され，93 年に発効した．

この条約は，絶滅のおそれのある野生動植物の種の国際取引に関する条約（ワシントン条約），特に水鳥の生息地として国際的に重要な湿地に関する条約（ラムサール条約）などを補完するものである [18]．

遺伝子組換え作物など，現代のバイオテクノロジーにより改変された生物（Living Modified Organism, LMO）は，生物の多様性の保全および持続可能な利用に及ぼす可能性があり，その悪影響を防ぐため，輸出入の規制などについての国際間の取り決めが，カルタヘナ議定書 [19] である．日本では，その実施のため，2003（平成 15）年 6 月にカルタヘナ法 [20] が公布され，カルタヘナ議定書が日本に効力を生じる 2004 年 2 月に施行された．

13　農水省ホームページ「我が国への作物別主要輸出国と最大輸出国における栽培上極の推移」(2014).

14　サイロや船が GM, 非 GM の両方に使われ，混入が起こりうる．農場から食品製造業者まで生産，流通および加工の各段階で相互に混入が起こらないよう分別管理し，そのことを証明する書類により明確にする「分別生産流通管理」のこと．

15　農林水産省「大豆をめぐる最近の動向について」（平成 22 年 1 月），www.maff.go.jp/j/seisan/ryutu/daizu/pdf/daizu_doukou.pdf

16　日本経済新聞，2013 年 2 月 20 日 1 面「非組み換え穀物 調達難」.

17　Convention on Biological Diversity（CBD）

18　外務省ホームページ「地球環境 / 生物多様性条約」.

19　「生物の多様性に関する条約のバイオセーフティに関するカルタヘナ議定書」のことで，「生物の多様性に関する条約」第 19 条 3 にもとづき，2000 年 1 月に，コロンビアのカルタヘナで開催された，生物多様性条約特別締約国会議再開会合において採択され，2003 年 6 月に締結された．

20　遺伝子組換え生物等の使用等の規制による生物の多様性の確保に関する法律．

　2010 年，生物多様性に関する名古屋会議で，GM 作物が自然を壊すなどの被害を生じた場合，生産した企業などの原状回復を義務づける「名古屋・クアラルンプール補足議定書」が採択された．輸出先でこぼれ落ちるなどして，その土地固有の品種を駆逐すれば，生態系が乱されるおそれがある．実際に被害が起きた報告はないが，いまのうちから制度を整えるものである[21]．

（討論 3）　原料確保が容易な GM 原料を使うか，自然が育てた非 GM 原料を使うか．GM 食品による危害は出現していないが，この間の社会的費用は，人間生活に役立つとみられる新規物質と，それに対する人の不安感情との調和に必要なことといえそうだが，つぎのようなポイントを参考に，討論しよう．

1. GM 食品に懸念されていること
   (1) 安全性に対する不安
   (2) 生態系を乱すかもしれない．
2. GM 食品のメリット
   (1) 収穫量の増加が期待できる．
   (2) 病虫害に強い作物
   (3) 乾燥地や砂漠などでの栽培も可能になる．
   (4) 長期保存が可能な食品
3. 世界の人口は，現在，約 70 億人であるが，今世紀半ばには約 100 億人に達する．現在の農産物生産水準では，世界全体が食料不足に陥る．日本では，現在は食料の自給率が 39%であるが，今後もこのような輸入が継続できる保証はない．

11.5　リスクコミュニケーション

リスクコミュニケーションの基本概念が，つぎのように示されている[22]．

　　科学技術を含めて，世の中のあらゆる事象には，利便性と危険性が含まれている．その危険性から，市民を守るためには，情報の主たる所有者である行政や企業は，事象の持つ利便性と危険性を市民に伝え，ともに対応を考える必要がある．
　　このように対象の持つポジティブな側面だけでなく，ネガティブな側面についての情報，それもリスクはリスクとして，公正に伝え，関係者

21　日本経済新聞, 2010 年 10 月 16 日 3 面「生物多様性会議 COP10 名古屋」.
22　日本リスク研究学会編『リスク学事典』第 7 章リスクの認知とコミュニケーション, 阪急コミュニケーションズ（2006）.

表11.4　リスクコミュニケーションの段階

	従来	比較的最近のリスク コミュニケーション	これからの リスクコミュニケーション
目的	自分たちの方針を相手に受入れさせる.	行政・企業・市民団体が,問題に関する情報を共有し,意見交換を行う.	関係者が相互に情報を要求,提供,説明しあい,問題に対する理解と信頼のレベルを上げる.
手法	説明会,パンフレット等により理解させ,できるだけ,方針をそのままの形で合意を得る.	情報提供や説明方法の検討よりも,関係者間のコミュニケーション・プロセスの改善を重視(双方向のコミュニケーション)	現在の科学的情報により, ・推定されるリスク, ・現在および将来の対策, ・リスク受入れ程度等の 情報と意見交換を繰り返し,理解と信頼のレベルを上げ,問題の効率的改善を図る.

が共考しうるコミュニケーションのことを,「リスクコミュニケーション」という.

この定義には,コミュニケーションの送り手と受け手の相互作用過程という考え方が含まれている.

浦野紘平の著書[23]をもとに,筆者がリスクコミュニケーション段階を整理して示した(表11.4).日本のリスクコミュニケーションは,従来型から双方向型,さらには信頼構築の場を作るように展開していく必要がある.

11.6　まとめ

原子力発電や遺伝子組換え操作にみられたように,新しい科学技術には未知のリスクが潜んでおり,公衆からは懐疑的な考え方が出てくる.それぞれの技術には利点もあればリスクもある.これらの技術をどのように活かしていくか,科学技術の進歩をどのように評価し,受け入れていくかは,関係者の協議によって合意を形成していく必要があり,リスクコミュニケーションは,科学技術に関する説明責任を果たすうえで重要な概念である.

23　浦野紘平『化学物質のリスクコミュニケーション手法ガイド』ぎょうせい（2003）.

密告制度の本当の怖さは、化学兵器が何十年もの後遺症を人体に残すのと同じように、人の心に不信感の毒素を植えつけ、容易なことでは他人を愛したり信用したり出来なくすることだろう。

高樹のぶ子『百年の預言　上』朝日新聞社、二〇三頁（二〇〇〇年）

＊革命二年前のルーマニアを舞台とする真賀木と充子をめぐる人々の物語

第12章　警笛鳴らし（または内部告発）

日本では2000年4月ごろから論議されるようになり，広く社会の関心を呼び，2006年4月施行の公益通報者保護法につながる．この問題についての誤解や偏見は，深刻な事態を招くおそれがあり，用心しなくてはならない．

12.1　富里病院医師解雇事件

標準事例

"内部告発"といわれるものを理解するには，標準的な事例があるとよいが，この事例は，専門職が企業などに勤務して働く場合の，標準事例にふさわしい．社会で現実に起きることはさまざまで，事例を収集して並べるだけではよくわからない．標準事例によって"内部告発"というものの仕組みを理解し，それと対照しながら，実務問題や他の事例に取り組むのがよい．

これは，医科大学を卒業したての医師の，専門職としての知識・経験・能力による活動の記録でもある．病院で，清新な感じの若い医師を見かけることがあるだろう．そのイメージがこの事例を理解するのに役立つはずだ．

事件の概要

医療法人の病院に勤務する医師2人が，病院で不適切な治療が行われていると保健所に申告したことを理由に解雇され，解雇の無効など救済を求めて東京地方裁判所に訴えた．以下，判決[1]の要旨と，解説である．

> 山城医師（原告）は1989年3月に国立の医科大学を卒業，5月に医療法人思誠会（被告）の富里病院（老人特例病院）に内科医として勤務し，平石医師（原告）は，大学同級の山城医師の紹介で翌年11月に同じく内科医として勤務した．思誠会には北原理事長兼富里病院長がいたが，実質的経営者である村上会長が経営権，人事権を掌握していた．
>
> 北原院長および同病院医療関係者は，90年末ころから，富里病院において，患者内にMRSA（メチシリン耐性黄色ブドウ球菌）保菌者が増えていることに気づき始めた．そこで91年4月ころ，北原院長のもと，両医師（山城，平石両医師）が他の医師や看護婦と勉強会および会議を開

1　東京地裁，平成7年11月27日判決，判例時報，1562号，126頁（1996）.

催し，手洗い，消毒の励行，感染症の患者の隔離，MRSA 発生原因の一つといわれる第三世代抗生物質の投与を控えることなどについて相互に確認し，同年 5 月ころ，平石医師が感染防止対策マニュアルを作成し，富里病院として MRSA 対策を実施することにした．

［解説］　富里病院への就職の事実関係が，2 人の医師の強い結びつき（連帯）をうかがわせる．2 人が力を合わせると強い（もし，1 人だったら，病院側に対抗できただろうか）．就職して翌 90 年末ころから，病院で MRSA 保菌者が増えていることに気づき，院長以下，両医師を含むみんなで勉強会を開くなど，対策を実施した．平石医師は，感染防止対策マニュアルを作成するという，専門職としての知識・経験・能力にもとづく積極的な寄与をしている．

　他方，山城医師は，同年 6 月末ころ，K 医師が担当患者に薬剤感受性検査の結果と関係なく第三世代セフェム系の抗生物質を連続的に投与していることに気づいたことから，K 医師の診療方法に疑問をもつようになった．

　そこで両医師は院長や K 医師の許可を得ることなく無断で，夜間，K 医師担当の患者のカルテを見てメモしたり，薬剤感受性検査報告書等をコピーして持ち出した．その分析結果から，両医師は K 医師が薬剤感受性検査の結果と無関係に抗生物質を多用しており，このような投薬方法により MRSA 発生率が高くなっていると判断し，同年 7 月頃から再三，北原院長に K 医師の指導を上申し，村上会長にも同様の上申をした．これに対して，北原院長や村上会長らは指導改善すると返答し，北原院長は，K 医師にはいずれ辞めてもらうつもりであるとまで言ったが，その後も K 医師の診療方法に全く変化はなかった．

表 12.1　就業規則（富里病院，抜粋）[1]

第 21 条（禁止事項）
2 号　当院の名誉または信用を傷つけること
3 号　当院の業務上の秘密事項または不利益となる事項を他に漏らすこと
5 号　職務上の権限を超え，またはこれを濫用すること
7 号　理事長または院長の許可なく病院の物品を院外に持ち出し，または使用すること
第 44 条（懲戒解雇）
1 号　第 21 条の規定に違反したとき
4 号　当院の物品を無断で持ち出したとき
6 号　故意または重大な過失により，当院に損害を与えたとき
7 号　業務命令に従わず職場の秩序を乱したとき
8 号　他人に暴行，脅迫を加え，その業務を妨害したとき
11 号　その他前各号に準ずる行為があったとき

　［解説］山城医師は，K医師の診療方法に疑問をもつ．両医師が院長やK医師に無断で，K医師の患者のカルテをメモしたり，検査報告書のコピーを持ち出すのは，一般にはしてはいけないことで，病院の就業規則（表12.1）に違反する疑いもあるが，この場合，患者の健康を保護する医師の責務や使命感による行為として正当化されよう．両医師は，こうして職務上知り得た秘密を，他に漏らさない義務がある．

　資料を分析し，両医師は，K医師による抗生物質の多用によってMRSA発生率が高くなっていると判断し，院長や会長に再三，上申するが，K医師の診療方法に全く変化はなかった．

　　両医師は，上申にもかかわらずK医師の診療方法が全く変わらないことや，北原院長や村上会長の言動から，北原院長や村上会長は本当はK医師に指導改善するつもりは全くなく，病院全体で，K医師の不適切な医療を，営利本位という経営方針の下に許容しているとの疑いをもつようになった．

　　同年11月に村上会長が逝去し，村上夫人が実質的な経営者になった．

　　12月6日，村上夫人は両医師に要求事項を書面にするように言ったので，平石医師は18項目の要求事項を書いた「要求」と題する書面を作成した．この「要求」は，病院設備の改善，診療内容の適正化，職員の待遇，病院運営について，両医師の要求事項を箇条書きにしたものであった．両医師は，同月10日，村上夫人，北原院長や村上会長の共同経営者的存在であった柴田理事らの前でこの「要求」を読み上げ，一項目ごとに説明しようとしたが，その際の柴田理事らの態度から，真剣に要求を取り上げて改善する意思がないものと判断し，会談終了後，両医師は相談のうえ，佐倉保健所へ富里病院の実態を上申することにした．

　［解説］なぜ，両医師は，不正を発見して直ちに佐倉保健所へ通報するのではなく，病院内部で努力をしたか．そのことは，とても重要である．病院が正常に運営され繁盛することは，2人の医師にも，そこで働く他の医師や看護師たちにも，共通の利益である．病院は，そこで働く人たちのコミュニティである．病院は公益を担いながら，そこで生活する人たちの私益の場でもある．保健所へ通報するまでに，両医師は悩んだに相違ない．通報して病院の経営を揺るがすことは，他の医師，看護師や職員を不安にするだろう．病院の正常化は公益のために大切とはいえ，おいそれと，他の人たちを犠牲にすることはできない．両医師には，コミュニティの同胞への誠実な思いやりがあった．

　翌 11 日, 両医師は勤務時間中に病院を抜け出し, 佐倉保健所へ赴いて, 同保健所長と面会し,「病院では, 検査の結果にかかわらず, 抗生物質を多用しているから耐性緑膿菌や腸球菌とかが非常に多く, MRSA 患者がたくさん出現している. 病室は汚くて, 患者を詰め込むだけ詰め込んでいる」などと申告し, 指導改善を求めた.

　翌日, 両医師の言動から不審を感じた病院側が, 同保健所へ確認したところ, 同保健所は両医師の話していった内容を教えてはくれなかったが, 両医師が富里病院について何らかの申告をしたことは判明したので, 同日（1991 年 12 月 12 日）夕方, 村上夫人, 柴田理事, 北原院長は, 両医師に対し, 翌 92 年 1 月 15 日付での解雇を告知した.

訴訟と判決

　92 年 1 月になり, 両医師は代理人弁護士に依頼して内容証明で, 解雇が無効であること, 法廷で解雇の効力を争う準備をしていることを通告した. 翌 2 月から, 両医師は他の病院に常勤の医師として勤務するようになり, 解雇の日から 1 年近い 93 年 1 月, 東京地方裁判所に, 医療法人に対し契約どおり勤務医の地位にあることの確認, 未払いの給与の支払い, などを求める訴訟を起こした.

　これに対して, 医療法人は, 両医師が新聞記者の取材で説明したり, 記者会見で発表したことから, 朝日新聞, 毎日新聞などに記事が掲載され, マスコミから名誉信用を毀損されたとして, 損害賠償を求める反訴を起こした.

　東京地裁は 1995 年 11 月 27 日, 解雇は解雇権の濫用にあたるとして解雇を無効とし, 2 人の勤務医の地位を確認するとともに, 医療法人に対し, 未払い給与など計約 6,200 万円と, 判決確定まで月額 75 万円（勤務時の給与の 6 割）の支払いを命じた（医療法人の反訴は棄却）.

　[解説] 両医師が保険所へ通報したのは, 形式的には, 就業規則違反であり, 解雇理由となる（表 12.1 参照. 第 21 条 3 号, 第 44 条 1 号）.

　両医師は, 92 年 1 月 15 日付で解雇され, 翌 2 月から他の病院に常勤の医師として勤務し, 解雇の日から 1 年近い 93 年 1 月に訴訟を起こした. 医師の場合, 特に優れた両医師には, 転職の自由があった. 一般には, 解雇によって収入を断たれ, 生活に困ることになる.

　この事件を, 新聞は,「内部告発」して解雇された医師の全面勝訴の判決, と報道した[2]. 判例解説によれば,「本件のように, 使用者にとって不利益な事

2　朝日新聞, 1995 年 11 月 30 日 33 面「MRSA 内部告発／『2 医師解雇は不当』」.

実を外部の公的機関に申告したことを理由とする解雇の効力が争われた事例
は少ない」[3]．内部告発が広く知られるようになる前の，1995 年のことである．

12.2　内部告発・警笛鳴らしの仕組み

用 語

米国では「ホイッスル・ブローイング」(whistle-blowing, 警笛鳴らし) という．
「あそこに悪いことをしている人がいるよ！」とばかり，口笛を吹く．そうい
う比喩の表現である．

日本では，内部告発という．本章では，単に「通報」といい，通報の対象
となることを「不正」，通報する人を「通報者」，ということにする．

通報者――「内部」とは何か

内部告発や警笛鳴らしといわれる行為は，さまざまな場面にありうるが，
つぎのような代表的なタイプがある．

① 企業などに雇用され,組織体のなかで働く被用者 (労働法の用語では「労
　働者」) が,組織体内での不正を通報する．公益通報者保護法 (後述) は,
　これを対象とする．
② 公務員が，自己の属する機関等の他の公務員が違反行為を行った疑い
　があると思料するに足りる事実を通報する．
③ 同業者の業界などのコミュニティのメンバーが，他のメンバーの不正
　を通報する．
④ 地域コミュニティの住民(市民)が,公共機関や公務員の不正を通報する．

ここに，③④に「コミュニティ」の語があるが，他の二つも，通報者が身を
置くコミュニティ (前出 27 頁, 図 2.1 参照) があり,「内部」というのは, コミュ
ニティの内部である．コミュニティの内部における不正が通報の対象となる．

通報の性格

通報は基本的に，コミュニティの内部に秘密の情報があり，それを知る内
部者が漏出させて，コミュニティの内外に暴露する．コミュニティの人間関
係を損ない，信頼関係を破壊する行為であり，本来してはならないが，公益
に資する場合には正当化される，というのが通報の理念である．したがって，
公益を挟んで，秘密を漏らされる側と漏らす側の対立をはらんでいる．

3　前出, 判例時報, 1562 号, 126 頁.

表 12.2　警笛鳴らしを含む選択肢[5]

---

① 上司に，自分にできる最も気のきいた方法で婉曲に指摘する．
② 組織内で仕事上良い関係にある他の人に話し，上司を説得してもらう．
③ 上司に，その仕事を継続できないこと，そして転職を考えざるを得ないことを話す．
④ 他に職を探し，それが確保されてから，所属の技術者団体またはその仕事を停止する権限ある者に伝える．
⑤ 直ちに新聞社または所属の技術者団体へ行き，警笛を鳴らす．
⑥ 単純に他の職を探し，雇用者の行動についての情報は他に洩らさず，その仕事が他の技術者によって継続されるようにする．
⑦ 抗議しないで現状を続ける．

　富里病院の例では，患者を MRSA 感染から保護することは，医師としての責務であり，保健所に通報するのだが，他方，病院の従業員として就業規則を守る義務があり（労働基準法 2 条 2 項），通報は就業規則の守秘義務に違反する．2 人の医師は，医師として通報しなければならない立場と，従業員として病院の秘密を守らなければならない立場とがあり，この二つが相反する．通報には通常，このような利益相反がある．

　「内部告発は，不正をえぐりだす切っ先の鋭いメスとなり，時にはその組織を自壊させかねないほどの破壊力を持つ爆弾にもなりうる」[4]．この前段は，公益面であるが，後段は，これに対する組織の抵抗となる．富里病院では，2 人の医師は通報に対し，懲戒解雇という報復を受けた．被用者にとって解雇は，医師のように転職の自由がなければ，生活の危機である．

　こうして，通報問題の焦点は，通報者の保護あるいは救済にある．

通報の選択肢

　通報が有効で，かつ正当化されるには，通報の仕方が重要である（表12.2）[5]．コミュニティの人間関係を考慮し，不正に対して措置をとる権限のある者に情報が迅速に，正確に伝わり，そのうえ，通報に対してありうる報復を考慮して，通報先が選択される．通報には通常，つぎの 4 種類がある．

　① 名乗って公表し，したがって身元が雇用者に知られる（顕名）
　② 匿名を条件として通報し，通報先は身元を公表しない（匿名）
　③ 匿名の投書・電話などで通報し，通報先にも身元が知られない（無名）
　④ 内部者が個人の利益のために，匿名を条件として，雇用者の競争相手

4　奥山俊宏『内部告発の力—公益通報者保護法は何を守るのか』現代人文社，2 頁（2004）.
5　ハリス，プリッチャード＆ラビンズ著，日本技術士会訳編『科学技術者の倫理—その考え方と事例（初版）』丸善，158 頁（1998）.

や報道機関など利益を与えてくれる先へ通報する（密告）

①〜③が一般的な通報の形態であり，②③では，誰がやったかわからないから，報復はなく，報復がなければ保護の問題もない．①の場合，通報者は自らの身に降りかかる報復の危険を考慮しなくてはならない．

12.3　法による救済の方法

米国と日本の法の違い

2000 年 4 月，新聞の投書[6]は，日本におけるこの問題の始まりを象徴する内容だった．「自由化のお手本とされる米国」では「内部告発は良心に従っての行動，正義の行動」とみなされ，法的にも解雇，不当処遇が禁止されているというが，日本では，内部告発は所属組織への裏切りとして罪悪視され，労組すら企業悪を擁護する立場に立ちがちである．身分保証され，市民として，所属する企業の反社会的行為を告発できる社会こそ，真の自由化社会というべきだろう，と主張した．

米国は進んでいる，日本は後れている，というのが日本における通報問題の出発点だった．しかし，日本は必ずしも後れていなかった．

米国では

米国では近年まで，コモン・ロー（後出）上の「随意雇用（employment at will）」のドクトリン（＝法理）が適用されてきた．雇用契約に雇用期間などの定めがない場合，雇用者は被用者を，いつでも，いかなる理由によっても，解雇できる．実際そうして通報者の解雇が正当化されていた（1967 年, ゲーリー対 US スチール事件）[7]．

1980 年前後から，公序（public policy）に違反する解雇は無効との判決が出るようになる[8]．しかし，契約自由の原則のもとで雇用契約の効力を認める思想が強固だから，通報者救済には制定法が必要だった．1982 年 4 月，ミシガン州が "警笛鳴らし保護法（Whistle Blower Protection Act）" を制定した最初の州となった[9]．

6　朝日新聞，2000 年 4 月 21 日「声」欄，佐々木信義「自由化の前に内部告発守れ」．
7　ハリスら，前出 304 頁．
8　同上 305 頁．
9　同上 308 頁．なお，ミシガン州法の保護は，法律違反についての警笛鳴らしに限られる．その後，コネチカット州では，「違法な活動または非倫理的な実務」が対象とされ，法律違反だけでなく倫理違反が入った；Conneticut, 1997 Supplementary Pamphlet, Code of Ethics 31-51m

日本では

第二次世界大戦後，日本では，企業に対して弱い立場にある労働者を保護する政策がとられた．雇用者が労働者を解雇する場合の予告が，雇用契約についての民法の規定では 2 週間前のところ，労働基準法が 30 日前としたのも（労基法 20 条 1 項前段），その趣旨だった．しかし，逆にいえば，雇用者は，30 日前に予告すればいつでも解雇できる自由な解雇の権利（＝解雇権）を保障された形である．

高度成長前の日本の労働者は雇用の機会に恵まれず，解雇はそのまま生活の危機であった．そこで裁判所は，「解雇権」を制限して労働者を救済する理論をあみ出した．日本の法制の根本原則の一つに，「権利の濫用は無効」がある（民法 1 条 3 項，なお憲法 12 条後段）．それを適用した「解雇権濫用の法理」であって，つぎのようにいう [10]．

> 使用者の解雇権の行使も，それが客観的に合理的な理由を欠き社会通念上相当として是認することができない場合には，権利の濫用として無効となる．

日本で，解雇権濫用の法理（または同様の論理）による救済は，前記 1995 年の富里病院医師解雇事件の判決より早く，1975 年，本採用拒否事件の判決 [11] にさかのぼる．日本は後れたのではなく，裁判による通報者救済ではむしろ日本が先行したのである．なお，2003 年 6 月，労働基準法が改正され，解雇権濫用の法理がそのまま取り入れられた [12]．

制定法と判例法

日本の裁判所は，通報者を保護する制定法はなくても，判決の積み重ねによって形成された「解雇権濫用」の法理を用いて救済した．米国の裁判所では，同様に「随意雇用」のドクトリン（＝法理）だった．

制定法だけが法ではない．

法 ＝ 制定法 ＋ 判例法

制定法（statute）は，議会の議決を経て成立する．議会の議決は，社会的承認を得るための方法である．他方，判決が積み重なることによって社会的に承認される法が，判例法（case law）である．優れた判決の論理が規定の形に

10　渡辺 章（小西ほか共著）『労働関係法』有斐閣シリーズ，143 頁（1999）.
11　仙台地裁，昭和 50 年 5 月 28 日判決，判例時報 795 号 97 頁（1976）.
12　この改正で，労働基準法第 18 条の 2 に規定され，その後，2007（平成 19）年に新たに労働契約法が制定され，その第 16 条に置かれている．

表現され，同じ種類の事件に使われるようになるもので，ドクトリン（法理）は，判例法として確定する一歩手前というくらいの，判例法の一部である．判例法のことを英米で「コモン・ロー」（common law）というのは，コミュニティの伝統や慣習から長い間に裁判を通じて導かれた共通の法を意味する．

　判例法は，社会で起きる問題に適用されて練られた法だから信頼性がある一方で，これを使う使わないは裁判官にまかされる．制定法は，制定が議会の力関係に左右されかねない一方で，どの裁判所でも使われる安定性がある．上の法理（ドクトリン）と法の関係のように，それぞれ長所があり，判例法が形成されたのち，制定法になることも多い[13]．

公益通報者保護法

　わが国でも制定法を求める声が大きくなり，2004 年，公益通報者保護法が制定され，06 年に施行された．保護される「公益通報」の定義が，原文のままでは難しいので，要約して示した（表 12.3）．主な 3 点に気をつけよう．

　① 通報者

「公益通報」の定義は，前記の解雇権濫用の法理のわかりやすさに比べて，要約したもの（表 12.3）でさえ難しい．

　難解な規定になるのは，通報というものの性格に関係がある．社会にはさまざまな"通報らしいもの"があり，全体を一括しておおざっぱな規定で保護するわけにはいかない．この場合の法による保護は，当事者の一方には利益になるが，他方には不利益になる．双方とも憲法が保障する自由と権利があるから，あいまいなことで不利益を課されてはならない．そのために，通報者，通報事項，通報先，保護の内容，などをきっちり規定する．その結果，厳密で複雑な文言になる．

　そのことは，公益通報者保護法は，規定された一定条件を満たすものを保護し，そうでないものは保護しない．まず，救済されるのは，労働者と派遣労働者に限られる．通報のタイプ（前出 185 頁参照）のうち一番目のみで，業界コミュニティや地域コミュニティのものまでを含めた包括的な法律ではない．

　② 通報事項

　公益通報者保護法によって保護される通報事項は，「別表に掲げる法律に規定する罪の犯罪行為の事実」（第 2 条，表 12.3 参照）に限られる．「別表」（省略）には，関係のありそうな多くの法律が掲げられているので，公益通報者保護

　13　"米国は判例法の国，日本は制定法の国"といわれることがあるが，上で見たように，米国にも制定法があり，日本にも判例法がある．

表12.3　公益通報者保護法 要約

第2条（定義）
　公益通報とは，労働者または派遣労働者が，労務提供先の事業者において，別表に掲げる法律に規定する罪の犯罪行為の事実が生じ，またはまさに生じようとしている旨を，（A）労務提供先もしくはその指定先，（B）権限のある行政機関，または（C）発生や被害拡大の防止に必要と認められる者に，通報することをいう．

第3条（解雇の無効）
　公益通報をしたことを理由とする解雇は無効とする．

第4条（労働者派遣契約の解除の無効）
　公益通報をしたことを理由とする労働者派遣契約の解除は無効とする．

　このうち，（C）「発生や被害拡大の防止に必要と認められる者」への通報が保護されるのは，つぎの場合に限られる（第3条3号要約）．
イ　A・Bの公益通報をすれば解雇その他不利益な取扱いを受けると信ずるに足りる相当の理由がある場合
ロ　Aの公益通報をすれば当該通報対象事実に係る証拠が隠滅され，偽造され，又は変造されるおそれがあると信ずるに足りる相当の理由がある場合
ハ　労務提供先からA・Bの公益通報をしないことを正当な理由がなくて要求された場合
ニ　書面によりAの公益通報をした日から20日を経過しても，当該通報対象事実について，当該労務提供先等から調査を行う旨の通知がない場合又は当該労務提供先等が正当な理由がなくて調査を行わない場合
ホ　個人の生命又は身体に危害が発生し，又は発生する急迫した危険があると信ずるに足りる相当の理由がある場合

法によって保護されるのが当然と考えられることなら，対象外とされる可能性はほとんどないと思われる．

③ 通報先

　公益通報者保護法は，救済される通報の通報先を，つぎの三つに分けて規定している（表12.3 参照）．

　　（A）　労務提供先もしくはその指定先
　　（B）　権限のある行政機関
　　（C）　発生や被害拡大の防止に必要と認められる者

　このうちCは，新聞社などマスメディアへの通報がここに入る．その場合，保護されるにはイ〜ホのとおり制限がある（表12.3 下段参照）．マスメディアへの通報をできるだけ制限したい立法者の意図の表れである．

法律の使いやすさ

　わが国では，労働者による通報を保護する規定が，1947（昭和22）年という早い段階から，労働基準法などに存在した（表12.4）[14]．しかし，ほとんど利

14　原子炉等規制法66条の2が，制定当時，「わが国で唯一」といわれたことがあるが，実際には，労働基準法ほかがあった；核燃料サイクル開発機構 特任参事（当時）大森勝良氏のご教示による．

表 12.4 労働基準法の通報者保護

第 104 条（監督機関に対する申告）
① 事業場に，この法律またはこの法律にもとづいて発する命令に違反する事実がある場合においては，労働者は，その事実を行政官庁または労働基準監督官に申告することができる.
② 使用者は，前項の申告をしたことを理由として，労働者に対して解雇その他不利益な取扱をしてはならない.

（注） 1947（昭和22）年施行. 同じ趣旨の規定が，1972（昭和47）年に労働安全衛生法 97 条に，1999（平成 11）年に労働者派遣法 49 条の 3，原子炉等規制法 66 条の 2 に，それぞれ置かれた.

用されなかったようだ．1989 年発生の富里病院医師解雇事件では，労働安全衛生法 97 条を用いる余地があったかもしれないが，実際に裁判所は，解雇権濫用の法理を用いて救済した．制定法は，条文の字句が厳密に解釈され，救済が制限される傾向に比べ，解雇権濫用の法理は救済に前向きである．

　解雇権濫用の法理が，労働基準法に入って法律になったことは（労基法 18 条の 2），すでに述べた．実際の場面で，もし公益通報者保護法が適用しにくければ，労働基準法のこの規定によってもよいし，元々の解雇権濫用の法理も，必要な場合には利用できる．

報奨金説の限界

　内部告発が社会の話題になった初期，通報は公益に役立つから報賞金で奨励すべきだ，との説が有力だった．

　　通報褒賞金に対して，おカネ目当ての通報は人倫にもとる，乱用される，と批判される．しかし，告発される不正が窃盗や詐欺にも等しい行為と考えれば，どんどん摘発することが人倫にも合致するはずである．不正行為をしなければ告発されないし，告発されても防御できるのであるから，不正行為を秘匿して成り立つ人間関係を保護する必要はない．告発すべきところを告発しなければ，公務員なら，懲戒事由に該当する[15]．

　仮に，富里病院の 2 人の医師が佐倉保健所へ通報し，報奨金を手にする，ということが考えられるだろうか．

12.4　技術者の通報対策

　企業や機関が内部通報に対する備えをするのは，倫理対策の一つである．

15　阿部康隆「内部告発法制の整備急げ」日本経済新聞，2002 年 11 月 12 日 32 面．なお，阿部康隆『内部告発（ホイッスルブロウワー）の法的設計』信山社，53 頁（2003）.

定型的な対策

一般に行われている定型的な対策がある.

- ・倫理委員会の設置
- ・担当役員の任命
- ・倫理推進 / コンプライアンス部門の設置
- ・ヘルプライン設置
- ・役職員を対象とした研修
- ・意識調査の実施

「ヘルプライン」は，問題を早期に発見し，問題解決を図るためのホットラインとして設置されるもので，内部窓口を倫理委員会など内部に置くほか，通報者の匿名など秘密保持のために，外部窓口が法律事務所などに置かれる.

　このような定型的，形式的な対策は，企業・機関が倫理や内部通報問題に取り組んでいることを確認し，開示する意義がある.

実体的な対策

　不正を見つけ，あるいはその兆候を見つけた場合に，直ちに内部窓口や外部窓口へ通報というのは，適切な想定とはいえない.

　本書ではたびたび，コミュニティの役割が重要であることを強調する. どのような企業や機関も，人の集まりであるコミュニティからなる. 職場で隣り合う 2 人あるいは 3 人が互いに対話し信頼し合う人間関係が，倫理の原点である. それを大切にしないでは，倫理対策も，内部通報対策も空虚なものとなる. 不正やその兆候を発見した場合，コミュニティの隣り合う同士で相談し，対策を考えることである. 通報をめぐる争いで勝訴した判例がいくつかあるが，共通するのは，通報者側が孤立していないことである.

　本章の冒頭に，「密告制度の本当の怖さ」（高樹のぶ子）を掲げた. 内部通報についての倫理の学習にも，参考になることと思われる.

第 1 話　雪印食品牛肉偽装事件

　国内で狂牛病（牛海綿状脳症，BSE）が発生し，狂牛病感染のおそれのある牛を流通させないため，2001 年 10 月，国内で処理される牛の全頭検査が始まった. それ以前に解体された国産牛肉は消費者の不安で市場に出せなくなり，政府補助による牛肉緊急保管事業が発足した. ところが 2002 年 1 月，大手食肉会社，雪印食品は，制度の対象外であるオーストラリアからの輸入牛肉を国産牛の箱に詰め替え，業界団体に買い取るよう申請していたことが，新聞社への告発でわかった.

　雪印食品の偽装工作を告発したのは，兵庫県西宮市の倉庫会社，西宮冷蔵である．国土交通省神戸運輸監理部は，西宮冷蔵が，雪印食品側から依頼を受け，輸入牛肉を国産牛肉と偽った在庫証明書を発行したとして 2002 年 10 月，倉庫業法にもとづき 7 日間の営業停止処分とした[16]．

　扇国交相は 2003 年 1 月，参院予算委員会で，「倉庫業界の信用を失墜させるということに関して，内部告発をしたから許されるということではない」，「本来，1 カ月の営業停止だが，雪印に強要された部分があったことや自ら警察に明らかにしたことなどを考慮して 7 日間にした」と述べた[17]．

　西宮冷蔵が今月中にも廃業する方針を（2002 年 11 月）5 日固めた．解散した雪印食品以外にも取引を停止する荷主が相次ぎ，再建のめどがたたなくなった．負債は 13 億円．偽装を公表した水谷洋一社長は「廃業は悔しいが，食の安全への関心を高めるきっかけを作れたことで意義はあった」と話している[18]．

この場合，西宮冷蔵など倉庫業者と，その顧客である荷主とからなる，倉庫業コミュニティがあり，共通の利害について互いに対話し，信頼する人間関係にある．そういうコミュニティの内部で起きたことを，内部者が外部の新聞社へ通報した．それは国交省の行政方針にも，倉庫業コミュニティのルールにも合わないところがあり，制裁を受けた，ということではないだろうか．

(討論 1)　この事件は，一連の偽装牛肉が摘発される発端となった大きな意義がある．それにしても，廃業は従業員ら関係者の不幸である．通報の方法に工夫の余地はなかっただろうか．一方，国交相（国土交通大臣）には，倉庫業法の運用について裁量の権限があるのだが，営業停止 7 日間の行政処分は，どうだろうか．

12.5　まとめ

技術者としての生活には，公益，個人の利益，コミュニティの利益がある．技術者倫理で通報について学習することは，不正やその兆候を見つけた場合，適切な判断ができるようにすることであって，単に，公益のためだから通報せよ，というような学習ではない．

16　日本経済新聞，2002 年 9 月 20 日 43 面「告発の倉庫会社／営業停止処分へ」．
17　朝日新聞，2003 年 1 月 30 日 33 面「牛肉偽装事件で倉庫会社処分／『内部告発でも許されぬ』」．
18　朝日新聞，2002 年 11 月 5 日夕刊 14 面「公表企業，廃業へ／西宮冷蔵，売上激減」．

どこかで春が
生まれてる
どこかで水が
ながれ出す

どこかでひばりが
ないている
どこかで芽の出る
音がする

百田宗治「どこかで春が」より
雑誌『小学男生』（大正十二年）
初出

第13章　環境と技術者

　日本人の多くは，環境問題とは「自然を守ること」だと考えているが，世界では「持続可能な開発」と認識している．本章では，これに従って，「持続可能性」と「世代間倫理」の観点からとらえ，技術者との関係を考えてみる．

13.1　環境倫理への道程

　環境を大切にし環境と共存する生活は，倫理やモラルの意識がなくても，人類の歴史とともに地球上の方々で行われてきた[1]．

　　19世紀あたりから，人間は人間以外の世界に対しても何らかの責任があるという見方が受入れられるようになった．たとえば，動物に不必要な苦しみを与えることは，よくないとする．この考えは，虫やバクテリアのような"下等な"動物にまでは拡大されず，もちろん植物には及ばない．

　　人間が，自然に存在するもののうち人間以外のものに責任があると認めるのは，人間の役に立ちそうなものに限られている．美しいとか，楽しいとか，あるいは科学的研究のために，野生地区を保存する義務を認めるもので，1本の木を1人の人間と同じように尊重するのではない．

　　環境についての倫理を考えるには，木々よりも動物のほうが人間に近い．動物たちをモラルの対象とするには，その根拠を見出さなければならない．人間には知覚があり，動物にも知覚がある．そこで，知覚がある動物に苦しみを与えるのは非倫理的，と考えた．

　　しかし，われわれは，どの動物が痛みを感じるか，確かめることができない．痛みに対する反応が人間と似ていることから，高等動物が痛みを感じると推測することはできる．イヌは吠え，ネコは金切り声をあげて痛みの源から逃れようとする．しかし，痛みを感じていることを，あいまいでない形で示すことができない動物はどうか．ミミズは，釣り針にかけたときに痛みを感じるだろうか．チョウは，その体にピンを刺すときに痛みを感じるだろうか．

　こうしてこの方向では壁にぶつかり，世代間の対人関係の倫理として環境倫理をとらえる考え方にたどりついた．

　1　ヴェジリンド＆ガン著，日本技術士会環境部会訳編『環境と科学技術者の倫理』丸善，82，93頁（2000）．

13.2　持続可能性

　1972 年 3 月，MIT の D.H. メドウズ教授らによってまとめられたローマクラブの『人類の危機レポート』[2] の提言が契機となって，環境問題を持続可能性の観点でとらえるようになった.

　持続可能性

　提言の趣旨は「経済がこのままの勢いで成長し，資源が浪費され，環境が汚染されていった場合に，地球がいつまでも人間の棲息を保証することができない.　いまの経済活動の在り方を変えて，持続可能な開発への切り替えていかない限り，早晩，地球の持つ許容限界を超えてしまう」というもので，1973 年に石油危機が始まったことから世界的に注目されるようになった.

　持続可能性（sustainability）の概念は，1987 年，国連の「環境と開発に関する世界委員会[3]（ブルントラント委員会）」の報告 "Our Common Future"（邦題『地球の未来を守るために』）で提起され，「環境保全と開発の関係について，未来世代のニーズを損なうことなく，現在世代のニーズを満たすこと」とされた.

　それまで，環境と開発との関係は，開発を進めれば環境破壊が進むというふうに，互いに反するもの，両立しないもの（二律背反）とみられていた. それを互いに共存できるものとしてとらえ，「持続可能を前提とした開発」が重要であると位置づけられた.

　1992 年 6 月，リオデジャネイロで国連環境開発会議（UNCED[4]，地球サミット．リオ会議）が開催され，環境分野での国際的な取り組みについて「環境と開発に関するリオ宣言」と，行動計画として「アジェンダ 21」とが採択され，その核となる原則として「持続可能な開発」が取り入れられた.

　世代間倫理

　世代間倫理とは，「現代世代が，未来世代の生存可能性に対しても責任を持つべきである.　環境を破壊し，資源を枯渇させる行為は，現代世代が加害者になって，未来世代が被害者になるという構造を持っている.　したがって，世代間倫理が存在しないならば，環境問題は解決されない」という考え方である. この概念は，加藤尚武（京都大学名誉教授）が，環境倫理学[5] の 3 つの基本主張（地

2　D.H. メドウズ，D.L. メドウズ，J. ランダース，W.W. ベアランズ著，大来佐武郎訳『成長の限界―ローマクラブ「人類の危機」レポート』ダイヤモンド社（1972）.

3　WCED：World Commission on Environment and Development

4　United Nations Conference on Environment and Development

5　加藤尚武『環境と倫理―自然と人間の共生を求めて』有斐閣アルマ（1998）.

球有限主義，世代間倫理，生物の多様性）の一つとして取り上げたことから，広く知られるようになった．

成長の限界

1972 年，メドウズが『成長の限界』[6] で，世界的に関心のある 5 つの傾向を示した．この傾向は現代においても依然として残っている．

> **世界的関心事である 5 つの傾向**
> ① 加速度的に進む工業化
> ② 急速な人口増加
> ③ 食糧生産（広範に広がっている栄養不足）
> ④ （再生不可能な）天然資源の枯渇
> ⑤ 環境の悪化

『成長の限界』における提言は，地球の有限性と物的成長の限界からみた二つの結末を示し，第 1 の結末でなく，第 2 の結末に至る努力を決意するなら，早ければ早いほど成功率が高くなるというものである．

> **『成長の限界』における二つの結末**
> 第 1 の結末　（1972 年から）今後 100 年の間に地球の成長は限界点に達する．
> 第 2 の結末　遠い将来までに，持続可能な生態的・経済的安定を確立することは不可能でない．

メドウズは，1992 年に，1972 年に述べた「成長には限界がある」という提言が，20 年を過ぎてどうなったかを検証した結果，ますます重要になっていることを確認し，20 年後の警告として『限界を超えて　生きるための選択』[7] を発表した．

> **『限界を超えて』のポイント**
> （1）　物質およびエネルギーのフローを大幅に削減しない限り，一人あたりの食料生産，エネルギー消費，工業生産は，何十年後にはもはや制御できないほどに減少する．
> （2）　この減少を避けるには，①物質消費や人口増大の政策や慣行を改める．②原料やエネルギーの利用効率を大幅に改善する．
> （3）　持続可能な社会は，絶えず拡大する社会よりは，はるかに望ましい社会である．

6　メドウズら，前出．
7　D.H. メドウズ，D.L. メドウズ，J. ランダース著，松橋隆治・村井昌子訳，茅 陽一監訳『限界を超えて―生きるための選択』ダイヤモンド社（1992）．

さらに，2005年に『成長の限界〜人類の選択』[8]を発表した．「『限界を超えて』で「世界は行き過ぎの段階に入っている」との警告が実証され，地球の持っている限界が明らかになってきた．限界に至る時間軸はもっと長いと思われているが，ある日，崩壊が突然起こり，人々はあぜんとするだろう．そして崩壊前の状況が全く持続可能でなかったことが明らかになる」と警告している．

> 『成長の限界〜人類の選択』のポイント
> 「世界が地球のエネルギーや天然資源のストックを使い果たしてしまうから崩壊する」と心配しているわけではない．
> （1）　物質やエネルギーを提供する地球の供給源と汚染や廃棄物を吸収する地球の供給源に係わるコストが増大していく．
> （2）　再生可能な資源の消費が増え，再生不可能な資源が枯渇し，一方で，吸収源がいっぱいになることから，経済が必要とする物質フローの質や量を維持するために必要なエネルギーや資本が増えていく．
> （3）　最後にはこのコストが高くなりすぎて工業は成長し続けることができなくなる．その時，物質経済の拡大をもたらしてきた正のフィード・バック・ループが向きを変える．そして経済が収縮し始める．

成長・発展し続けていくことの前提は，無限の資源が存在し，それを廃棄する場所が無限に存在することである．その前提が崩れてきていることを検証し，大規模な生産・消費・環境汚染はすでに重大な事態に達し，単なる現状の継続は困難になってきている．

一連の警告は，これからの人類の存続のためにはどうすればよいかを考えさせるものである．これがグローバルな環境問題に関する認識で，いわゆる「環境保護」とはだいぶ認識が違っていることがわかる．

エネルギー資源に関して，石炭を除いて，石油・天然ガスなどの化石燃料資源は，今世紀中に枯渇する．ウランも現在の使い方をするなら，今世紀中になくなるので，「核燃料サイクル」のような新たな技術開発が必要である．金属などの鉱物資源も，その多くが21世紀中に掘りつくされる．

（討論1）　技術者はこのような事態にどう考え行動すればよいのだろうか．

事例1　地球温暖化問題における CO_2 排出量削減

世界各国における CO_2 排出量を比較する（図13.1）．1999年のデータで少

8　D.H. メドウズ，D.L. メドウズ，J. ランダース著，枝廣淳子訳『成長の限界−人類の選択』ダイヤモンド社（2005）.

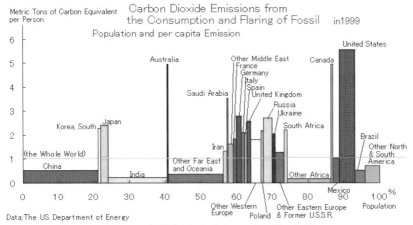

図 13.1 世界各国における CO_2 排出量の比較

し古いが，CO_2 排出量において，何が問題であるかを明確に示している．

　図の横軸は，それぞれの国の世界人口に占める割合を示している．たとえば中国の人口は世界人口の 2 割強を占め，日本は世界人口の約 2% を占める．

　縦軸は，それぞれの国の一人あたりの CO_2 排出量を示している．米国，カナダ，オーストラリアが多く，中国，インド，アフリカ諸国が少ないこと，日本はヨーロッパとほぼ同等の水準であることがわかる．図中の面積が各国の CO_2 排出量のトータルを表している．中国などの発展途上国が，一人あたりの CO_2 排出量を，日本やヨーロッパ並みにすれば，世界の CO_2 排出量が飛躍的に増加することが読み取れる．すなわち，先進国が多少の CO_2 排出量の削減を図っても，世界全体の CO_2 排出量の増加を防ぐことは全くできないことがわかる．

　しかし，発展途上国の立場に立てば，一人ひとりの生活水準を向上させて，日本やヨーロッパ並みの生活をしたいと考えることは当然のことで，現在のレベルに止めよということは倫理的にできない．その結果，CO_2 排出量削減問題は，いくら協議を重ねても，なかなか合意に至らないことになる．

　この問題を技術者はどのように考えればよいのであろうか．

　仮に，CO_2 が地球温暖化の原因でなかったとしても，枯渇していく化石資源に対する対策は必要である．そこで，科学技術者に期待されることは，エネルギーの利用効率を，現状の 3 ～ 4 倍に向上させる技術の開発である．すなわち，新たな技術開発によって，はじめて地球環境維持が可能になってくる．

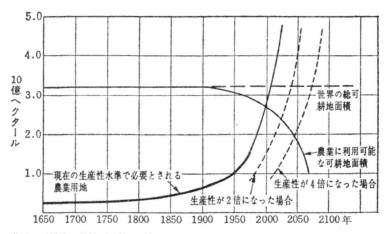

世界の可耕地の供給量は約 32 億ヘクタールである．現在の生産性水準において一人あたり約 0.4 ヘクタールの可耕地が必要である．したがって必要とされる農業用地の曲線は人口の成長曲線を反映している．1970 年以後の細い線は，世界人口が現在の率で増加を続けると仮定した場合に必要な農業用地の予測を示す．利用可能な耕作可能地は，人口成長に伴って都市－産業用地に振り向けられる割合が増えるので減少に向かう．破線は現在の生産性が 2 倍ないし 4 倍になった場合の耕作可能地の必要面積を示す．

図 13.2　世界の耕地面積と必要とされる農業用地 [9]

　エネルギーの利用効率を向上させている具体的な事例がある．自動車の燃費はガソリン車では燃費が約 10 km/ℓ 程度であったが，ハイブリッド車では約 30 km/ℓ 程度となっている．また，炭素繊維等を使って車体重量を軽くできれば，さらによい燃費が期待できる．

　このような新たな技術開発が産業の各分野で実現され，それが発展途上国も含めて，世界全体に展開できれば，CO_2 排出量削減問題の有力な「解」になる．

事例 2　食糧問題

　『成長の限界』[9] に掲載されている世界の耕地面積と必要とされる農業用地との関係を示す（図 13.2）．このまま人口増加が続けば，現在の生産性水準では 2000 年に限界に達し，食料不足に陥るが，生産性を 4 倍に向上すれば，2050 年まで食料が確保できることを示している．現在の生産性水準は，その後の農業技術の進歩によって向上しているので，多少のズレはあるが，食料問題を解決するための基本的な指針である．

　二つの事例にみるように，地球が有限であることが明確になり，さらに一

9　メドウズら，前出『成長の限界―ローマクラブ「人類の危機」レポート』．

段の科学技術の開発が求められていることは明確である.

　科学技術者は，新しい技術開発によって「持続可能性のある社会」を創り出すことが求められている．一方，新たな技術開発には未知のリスクが潜んでいる．そのリスクを許容レベルに抑え，社会に危害を与えないことが同時に求められている.

　(討論2)　読者は，環境問題は，持続可能な開発ということについてどのように考えるか.

13.3　世代間倫理

　世代間倫理は，「現代を生きている人間（現代世代）が現代世代に対して責任があることは当然であるが，未来を生きる人間（未来世代）の生存に関しても責任がある」という考え方で，これまではなかった概念である.

　世代間倫理における問題点を整理する（表13.1）．特に重要な論点は，二つある.

　一つ目は，「これまでは，それぞれの世代の中で，自分たちがかかえている問題を解決してきた．なぜ，現世代だけが，未来の世代に対して，自分たちの利益を犠牲にしてまで，未来の世代のことを考えねばならないのか」という論点である.

　一方では，過去の世代が実施してきたことに対して，水俣病のように，現世代が負担を負わされているという現実がある．水俣病は，事件から50年以上過ぎたいまも，被害者救済の全額をチッソ株式会社が負担し，水俣病関係損失累計額は，2,816億円（2007年3月末）にのぼっている．この考え方に立てば，「それぞれの世代は，それぞれの世代がその時代にできることに最善を尽くせばよい」ということになる.

　二つ目は，「未来の世代のことを考慮するとしても，同時に存在できない世代に対して，現在の世代がどこまで責任が負えるのか」という問題である.

　加藤尚武は，世代間倫理の必要性について下記のように述べている[10]．引用が長くなるが，世代間倫理を考えるうえでの重要な考え方なので記載する.

　　環境問題というのは，現在の世代が加害者となって，未来の世代が被害者となる犯罪である．被害者は，地球の大気圏が汚染されても，至るところに核廃棄物を残されても，石油・石炭を使わなければ動かない機

10　加藤尚武『環境と倫理－自然と人間の共生を求めて』有斐閣アルマ（1998）.

表 13.1　世代間倫理における問題点

---

(1)　すでに亡くなっている過去世代，いま生存している現在世代，まだ生まれていない未来世代という，同時に存在できない世代間で，義務や権利を決めたり，契約を結んだりすることはできない.

(2)　現在の世代が未来の世代に対して責任を負うという「世代間倫理」の考え方は，過去の世代が環境に対して負担をかけてきた責任を現在世代が負っていることと矛盾する.

(3)　未来世代への倫理とは具体的にどのようなもので，どれくらい責任を負うべきかを示すことは難しい.

械を山ほどつくって，肝心の地下の石油・石炭を空っぽにされても，何一つ文句は言えない.

　地球の生態系が 35 億年をかけて溜めこんできた太陽エネルギーの塊が，石油・石炭である．それをわずか数百年の世代が，近代化だとか，工業社会だとか，勝手な理屈をつけて，全部使い切ってしまうというエゴイズムは許されない.

　原子力エネルギーについていえば，そのエネルギーを使って繁栄を楽しむのが現世代であり，その廃棄物の管理を委ねられるのが未来の世代である．この世代間関係が「正しい関係」といえるのかは大きな問題である．「その未来世代もまたつぎの未来世代に廃棄物の管理責任を転嫁するのだから，私たちのつくる廃棄物についてはつぎの未来世代が同意するだろうから，正当である」とは言えないだろう.

　これまでは，前の世代が残したことはつぎの世代が何らかの修復が可能であったが，最近の科学技術の急速な進展がもたらしたものは，後の世代に修復不可能なほどの大きな影響を与えることになる．そこで，新たな観点として，「未来世代に対する倫理」を重視する考え方として，「世代間倫理」が生まれたといえる.

　「世代間倫理」は，現在世代の人間が未来世代の人々に一方的に責任を負うような倫理であるが，私たちの選択によって，未来の人たちは何らかの被害を受け，苦しむことになるという現実を前に，「未来世代の人々に対する責任と義務」が生じてきた．この考え方は，深く論議していくと論理的矛盾も出てくるが，「現在世代の未来世代への責任」はある程度受け入れられているものと考える.

　世代間倫理は，現在を生きている人類が，環境問題の解決に当たって，先延ばしせずに責任を持って行動するための根拠となる考え方で，科学技術者は，新たな技術開発を実施する際の「philosophy」として心得ていく必要がある.

（討論2）読者は，世代間倫理について，どのように考えるだろうか．

水俣病

1953年頃から，熊本県の水俣湾周辺に発生したメチル水銀中毒による慢性の神経系疾患で，地名を取って「水俣病」という．症状は，手足や口周辺のしびれで始まり，言語障害，運動障害，聴力障害などの中枢神経系の障害が起きる．

水俣病は，化学工業会社であるチッソ株式会社が海に流した工場排水により引き起こされた公害病である．1959年7月に「有機水銀説」が熊本大学や厚生省食品衛生調査会から出されると，チッソは「工場で使用しているのは無機水銀であり有機水銀と工場は無関係」と主張した．これは当時，無機水銀から有機水銀の発生機序が理論的に説明されていなかったことによる．病気の発見から約11年が経過した1967年になり，無機水銀がメチル水銀に変換されることが実験的に証明された．1968年9月26日，公式見解として，水俣病の原因物質がメチル水銀化合物と断定された．

工場排水と水俣病との因果関係が証明されない限り工場に責任はないとする考え方は，被害拡散を防ぐための有効な手段をほとんど打てなかったことになり，大量の被害者を生み出し，地域社会はもとより補償の増大などで企業側にとっても重篤な損害を生むことになった．

科学技術者には功罪があり，原因を特定した功の部分があるけれども，原因が確定するまでは対策の実施を延ばさせた罪の部分がある．

水俣病が契機となって，その後，因果関係が不明確であっても，人の健康や環境に重大な影響を及ぼす場合は，予防的に対策を講じるという「予防原則」が出てくる．

13.4　予防原則（Precautionary Principle）

環境や人間の健康などに重大で不可逆な悪影響を与えることが懸念される場合，科学的知見が不確実でも，何らかの保護対策を講じるべきであるという原則である．日本では，Precautionary Principle を「予防」の意味ではなく，「禁止」の意味で解釈されることが多い．しかし，「少しでも疑わしいものは止める」という考え方にはリスクがある．

中西準子は，予防原則について下記のように述べている[11]．

11　中西準子『環境リスク学』日本評論社，191–193頁（2004）.

　本当の意味の予防原則は，こんなに単純なものではない．環境に悪い
かもしれないことをすぐに止めることができないのは，止めたときの影
響が大きすぎるからである．どういう影響か？　不便，生活程度の低下，
費用の増大，そしてある場合は，エネルギー消費量の増大や資源消費量
の増大をもたらす．不便が増すことや，費用の増大はいいじゃないかと
いう意見もあろう．ある程度なら，その通りだが，その度が過ぎると，
人の健康にもマイナスになる．したがって，止めることのプラスとマイ
ナスを比較しなければならない．

　しかし，それを正確に評価できない時点で，どうするかが，予防原則
であろう．正確には評価できないとしても，予防原則は両側にあるべき
だ．つまり，いま疑われている物質の危険が本当なら大変なので，でき
るだけ回避しようという予防原則と，禁止した時に，もしかして起きる
逆影響をどのように予防するかという両側の予防原則が必要だというこ
とである．

　予防原則が水俣病などの公害病から学んだということにも疑問を抱
く．結果論ですべてを論じているような気がする．

　水俣病をもっと早く防ぐ方法はなかったか？　水俣病といわなくと
も，排水が多くの異変を起こしていることについて，一定の歯止めはか
けられてしかるべきだった．極めて限られた地域であれだけの被害が起
きており，チッソ株式会社以外の汚染源が見つからない状態で，必ずし
も原因物質が特定されなくとも，排出源はわかったはずだ．

科学技術者にとって，予防原則を考えるうえでの重要な指摘である．

予防原則を考えるポイント
1. 因果関係や環境への影響を，正確に，評価できない時点で，どうす
　るかが，「予防原則」である．
2. 両側の「予防原則」が必要である．物質が危険だから回避すれば，
　別のデメリットが生じる可能性がある．
3. 「リスクトレードオフ」の課題　それをすぐに止めることができな
　いのは，止めることの「プラス」と「マイナス」があるからで，その
　得失を考慮する必要がある．

読者は，どのように考えるか．

13.5　循環型社会

小宮山宏（東京大学名誉教授）は，20 世紀は地下から掘り出した資源をもと

に生産活動を行ってきたが，21世紀はエネルギーや地下資源がなくなり，地上の人工物の蓄積量が増す．そこで廃棄人工物からの生産速度を増す技術を開発して，「循環型の生産形態」に移行していく必要があると述べている[12]．

　循環型社会を考えるうえで，資源のリサイクル使用は重要である．スチール缶リサイクル協会がまとめているリサイクルの現状を示す（表13.2）．

　リサイクルを考えるうえでの基本的な考え方は，リサイクルの是非は，ライフサイクルにおけるエネルギーのトータル使用量と，それの回収に要する費用を含めて評価することである．

　スチール缶やアルミ缶のリサイクル率が高い理由は，素材を得るための分離エネルギーが少なくて済むからである．たとえばボーキサイト中に含まれるアルミニウム量は約3％であるが，アルミ缶は100％アルミであるからそれだけ分離エネルギーが少なくて済む．

　一方，プラスチックについては，回収プラスチックからプラスチック素材にするためのエネルギーが大きいので，必ずしも有利とはいえない．プラスチックのリサイクルには，3つの方法がある（表13.3）．プラスチックリサイ

表13.2　主な品目のリサイクル率

品目	リサイクル率	算出方法　（注意事項）
スチール缶	92.9（2013年度）	スチール缶再資源化重量／スチール缶消費重量（スチール缶＝飲料缶＋食料缶＋一般缶＋18リットル缶の一部）
アルミ缶	83.8*（2013年度）	アルミ再生利用重量／アルミ缶消費重量（アルミ缶＝飲料缶）＊輸出アルミ缶を加えると，リサイクル率は98.4％になる．
ガラスびん	68.1（2012年度）	再生利用量／国内消費量
ペットボトル	85.8（2013年度）	リサイクル量（国内＋海外再資源化量）／国内PETボトル販売量リサイクル量の約半分は海外再資源化量である．
プラスチック製容器包装	40.9（2012年度）	再商品化量＋自主回収量／排出見込み量
紙パック	44.2（2012年度）	国内紙パック回収量／飲料用紙パック原紙使用量
段ボール	99.4（2013年度）	

12　小宮山宏『地球持続の技術』岩波書店（1999）．

表 13.3　プラスチックリサイクルの方法

方法	内容
マテリアル リサイクル	使用済みのプラスチックを細かく破砕したうえで，溶かすなどして，もう一度プラスチック製品に再生し利用する方法．材料リサイクルともいう．
ケミカル リサイクル	プラスチックが炭素と水素からできていることを利用し，熱や圧力を加えて，元の石油や基礎化学原料に戻してから，再生利用する方法．高炉還元剤としての利用，コークス炉化学原料化，ガス化による原料化等がある．
サーマル リサイクル	廃プラスチックを燃焼させることにより，エネルギーを回収する方法．回収されたエネルギーは，発電や冷暖房および温水などの熱源として利用する．セメントキルン，ゴミ発電など．

クル協会がまとめている日本の現状を示す（図13.3）[13]．現状では，総排出量の82％が有効に利用され，その約7割がサーマルリサイクルである．未利用は18％で，単純焼却や埋め立てとなっている．

　サーマルリサイクルは，焼却することによって生じる熱量を回収して発電等に利用する方式であるが，年々その比率は増加している．政府は，廃プラスチック類について，まず発生抑制を図り，つぎに再生利用を推進し，なお残るものについては直接埋め立てを行わず，熱回収を行うのが適当という指針を示している．ヨーロッパ諸国も同様に，プラスチックのリサイクル比率が高まると，サーマルリサイクルによるエネルギーリカバリーが増えている．

　このような評価には，ライフサイクルアセスメント（LCA：Life Cycle Assessment）と呼ばれる環境影響評価手法が利用される．LCAは，個別の商品の原料調達，製造，輸送，販売，使用，廃棄，再利用までのライフサイク

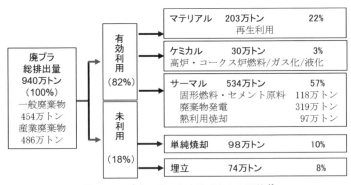

図 13.3　プラスチックリサイクルの現状 [13]

13　プラスチック循環利用協会「2013年　プラスチック製品の生産・廃棄・再資源化・処理処分の状況」2014年12月発行．

ルの各段階において，エネルギーや材料などがどれだけ投入され，また排気ガスや廃棄物がどれだけ放出されたかを分析することによって，既存の製品やシステムと比較し，より環境負荷・環境影響の少ない製品・システムへの切り替えを行う際の意思決定のツールになる．

　LCA は，科学技術者が環境問題を考える際の有力な手法である．

> 循環型社会の基本的な考え方
> ① 持続可能な社会を形成するには，資源の循環が必要である．
> ② その際には，資源を無駄にしない循環が必要で，経済的にも成り立っている合理性が求められる．
> ③ 「静脈産業」[14] の実用化を考える時代に来ている．
> ④ 企業活動は，排出物の抑制，資源の効率的利用，廃棄物の再利用を念頭に置く．また，製品開発においても，廃棄物になりにくく，また，分解が容易な製品の開発が求められる．

　(討論3)　読者は，身近な商品，たとえばペットボトルのリサイクルについて，循環型社会を形成するための考え方について討論しよう．

13.6　まとめ

　(1)　地球温暖化や食料，資源の枯渇が，地球的規模で課題となっており，持続可能な社会形成が技術開発における基本的な考え方として求められる．

　(2)　便利な製品やサービスは，環境に対し，何らかの負荷をかける．しかし，自動車を利用せず，冷暖房を使用しない生活はない．劣悪な環境やサービスに堪えることはできない．エネルギー利用効率の抜本的向上など，現在の生活水準を維持できるような技術開発が技術者には求められる．

　(3)　消費者が使用するものの製品化やサービスには，企業が関係している．企業は，消費された資源を「自然の循環に返すシステムの構築」を念頭に開発を行うことが求められる．

　(4)　最終的には消費者が製品コストを負担する．「循環型社会のあり方」に関する社会全体の合意形成が必要になる．

　14　静脈産業：自然から採取した資源を加工して有用な財を生産する諸産業を，動物の循環系になぞらえて動脈産業というのに対して，これらの産業が排出した不要物や使い捨てられた製品を集めて，それを社会や自然の物質循環過程に再投入するための事業を行っている産業を，静脈産業と呼ぶ．

神は、自ら助ける者を、助ける。

God helps them that help themselves.

ベンジャミン・フランクリン（一七〇六〜一七九〇）
Poor Richard's Almanac（貧しいリチャードの暦）

第14章 技術者の財産的権利

技術者・研究者は，その発明や知識・経験について，勤務先の企業等との間の問題がある．基本的に，給料・報酬の収入によって，健康で文化的な生活を営むとともに，専門家としての能力を常に更新する努力をする．

14.1 職務上の発明や知識・経験の課題

研究者・技術者の権利を，職務発明の対価と，職務で得た知識・経験の利用という，二つのポイントから考える．

職務発明の対価

研究者・技術者の発明にもとづいて企業が得た利益に対して，発明者の対価はどの程度が妥当かという問題である．

従業員の発明の対価に関して，特許法は，従業員は職務上の発明について特許を受ける権利があること，その権利を使用者（会社など）に譲り渡す場合，「相当の対価」を受ける権利があることを定める（同法35条）．以前は，その「相当の対価」は，「使用者が受けるべき利益の額およびその発明がされるについて使用者が貢献した程度を考慮して定めなければならない」という抽象的な規定で，明確な基準がなかった．本章で取り上げる「青色発光ダイオード（青色 LED）」裁判では，発明者の貢献度と，相当対価が具体的にどの程度の金額かが社会的問題になり，これを契機に 2005 年 4 月，特許法が改正された．

研究開発者への利益還元に関する報奨制度を，他の従業員に対して突出して設ければ，企業内の従業員間に，「企業は研究開発者だけでもっているのではない」という不協和音が出てくる可能性がある．さりとて，優れた研究開発者をそれなりに処遇しないと，優れた発明やつぎの事業は生まれないという問題がある．

職務で得た知識・経験の利用

研究者・技術者が企業等に在職時に得た知識や経験を，転職後・退職後に利用することに関する問題で，企業から見れば技術流出・機密漏えいの問題になる．一方，研究者・技術者から見れば，どこまでが転職後・退職後も利用できるかという問題である．

　日本ではこれまで終身雇用を前提にしてきたが，最近では研究者・技術者の雇用流動性が高くなってきている．また，在職時の技術をもとに起業するケースも増えてきている．一方では，退職後から年金を受給できるまでの期間があるので，雇用延長があるとはいえ，雇用の機会を求めるについてどうするかというケースが増加してきている．

　組織で得た知識や経験は，どこまでが企業に帰属し，どんな条件のもとならば，個人の裁量の範囲とみなされるかである．青色 LED 裁判，新潟鐵工所資料持ち出し事件を事例として，この問題を考えてみる．

14.2　青色発光ダイオード特許裁判

　2001 年 8 月，カリフォルニア大学の中村修二教授は，日亜化学工業（以下，日亜という）を相手に，青色 LED 発明の相当の対価として 200 億円を求める訴訟を起こした．

　対象は，特許 2628404 号「窒化物を成長させる基本特許」（以下，404 特許という）で，“ツーフロー装置”と呼ばれる特許である．この装置により，高品位な窒化ガリウムの膜が初めて製造可能になり，青色 LED ができたといわれ，中村教授は 2014 年，ノーベル物理学賞を受賞している（後出）．

　中村氏は訴訟の狙いを，つぎのように語っている[1,2]．

> 　青色 LED の開発を進めたインセンテイブはお金ではなかった．米国留学中に論文を書いていないことをばかにされた屈辱感から，彼らを見返してやりたい，という特殊な事情が背景にあった．しかし，研究者が頑張れば金銭面でも報われるという状況にあれば，さらに研究にやりがいを感じただろう．
>
> 　日本の子どもたちがイチローにあこがれるように技術者にあこがれる，という状況を作り出さなければいけないのではないだろうか．イチローは億単位．日本を支えたのは技術者である．技術者の社会にもイチローが大勢いるのに，なんで給料が安いのですか．

（1）　裁判の争点

中村氏が裁判で争ったことは二つあった．一つ目は特許の所有権で，この発明が会社上層部の意思に反して“業務範囲外”で行われたものであり，“自

1　中村修二・升永英俊『真相：中村裁判』日経 BP 社，15 頁（2002）．
2　毎日新聞科学環境部『理系白書』講談社，35 頁（2003）．

由発明" として帰属が中村氏にあること，二つ目は，発明に対する相当対価で，日亜から在職中に発明報奨金として 2 万円を得ているが，相当対価としては著しく不十分で，20 億円はあると申し立てた（20 億円は，訴訟過程で 200 億円に引き上げられた）．

（2）　東京地裁判決（一審判決）

一つ目の特許の帰属については，2002 年 9 月の中間判決で，「特許権は会社に帰属する」との判断が示された．2004 年 1 月 30 日，東京地裁は，404 特許を譲渡した相当対価を 604 億円と査定し，日亜に中村氏の請求額通りの 200 億円の支払いを命じる判決を下した．

> 判決はまず，中村氏の特許発明が「青色 LED の製品化を可能にした」と指摘．会社が得る利益は，特許権の効力が切れる 2010 年 10 月までに日亜が権利を独占することで得る利益を約 1,208 億円と算定した．
> そのうえで，中村氏の貢献度について検討し，その 50％ と認め，相当対価は 604 億円であるとした．そして「小企業の貧弱な研究環境で，独創的な発想で世界中の研究機関に先んじて産業界待望の世界的発明を成し遂げた全く稀有な事例」と述べ，「貢献度は 50％ を下回らない」とした．その結果，中村氏に支払われるべき発明対価を 604 億 3 千万円と算定し，中村氏の請求が 200 億円だったため，全額の支払いを命じた[3]．

判決は，中村氏の青色 LED 開発における中村氏の研究事情を特殊なものとして認め，発明者として貢献度を 50％ と高く評価し，請求額の満額である 200 億円を認めた．

> 中村修二教授の話　50％ の貢献が認められたことが嬉しい．今回の判決は，研究者の発明へのインセンティブを高め，ひいては企業の利益にもなる．
> 日亜化学工業の話　訴訟対象となっている特許をあまりに過大評価し，他の多数の研究開発者や企業の貢献を正当に評価しない不当判決だ（日亜は控訴した）．
> 産業界　発明者は給料をもらって研究に没頭し，成果だけを強調する．投資リスクを背負っているのは企業だ．これほどのリスクを負担させるなら，日本から研究開発拠点を撤退させる企業すら現れかねない[3]．

研究者はおおむね好感をもって裁判結果を受け止めている．これはいまま

3　日本経済新聞，2004 年 1 月 31 日 1 面，3 面「発明対価 200 億円命令」．

での発明者に対する社内報酬があまりにも低すぎたことの反映と考えられる.

（3） 高裁裁判（和解）とその後の動き

2004 年 12 月，東京高裁が和解案を示し，2005 年 1 月 11 日，日亜が対価として約 6 億 800 万円，その遅延損害金として約 2 億 3 千万円の計約 8 億 4 千万円を支払う和解が成立した.

　　高裁は和解勧告にあたり，職務発明の対価について，「従業員のインセンティブとして十分であると同時に，経済情勢や国際競争の中で企業の発展を可能とするものであるべきだ」と指摘し，「リスクを負担する企業…が受ける利益の額とは性質が異なる」との判断を示した.
　　そのうえで，特許登録されている計 191 件の発明に対する中村氏個人の貢献度は最大でも 5％（会社が 95％）と評価し，対価を算定したもようだ.
　　一審は売り上げの 10％を特許による利益と判断し，そのうち 50％を中村氏の貢献度としたが，高裁は，特許による利益は売り上げの 3.5 ～ 5.0％とし，中村氏の貢献度は 5％との判断で，一，二審で全くかけ離れた結果を導き出した.
　　中村修二教授の話　和解金額には全く納得していないが，代理人弁護士の意見に従い和解勧告を受け入れた. 発明対価を巡る訴えは後続ランナーに引き継ぎ，本来の研究開発の世界に戻りたい.
　　日亜化学工業の話　6 億円という対価は過大で納得していないが，会社の貢献度を 95％と高く評価しており，紛争の早期解決のため和解勧告を受け入れた[4].

高裁の和解勧告は，オリンパス「光ディスク裁判」（最高裁判決）での貢献度が企業利益の 5％，味の素「人工甘味料アステルパーム裁判」（和解）での原告を含む発明者の取り分が企業利益の 5％，という近年の先例を踏襲したものと考えられる.

和解では，中村氏の貢献度は最大でも 5％となり，一審判決の 50％と大きく異なる. それでも和解に応じたのは，「和解条項の中で，中村教授が今後，日亜時代に得た知識を自由に研究に使えることも明記されており」[5]，これは発明の対価がクローズアップされたので大きな話題にならなかったが，研究者・技術者にとっては極めて重要な和解内容である.

4　日本経済新聞，2005 年 1 月 11 日夕刊 1 面「青色 LED 訴訟が和解」.
5　読売新聞，2005 年 1 月 11 日夕刊 19 面「200 億円が正当だが…」.

この和解には,「ある裁判官は,『原告は高裁で大幅に減額されても和解せず,最高裁で勝負すればよかった』と漏らし,『発明対価』の司法基準が示されなかったことを残念がった」[6].研究者はもちろん産業界からも「第3者に分かりにくい和解で終わったのは残念」という声が上がった.

> 和解のポイント
> 1. 発明の対価 特許による利益の5%
> 2. 日亜時代に得た知識を今後の研究活動に利用できる.

読者は,発明の対価5%をどのように考えるだろうか.

(4) 裁判の背景と研究者・技術者の処遇

この裁判は中村氏と日亜との感情的なもつれから発している.中村氏は1999年末,日亜を退職し,米国の10大学,5企業から誘われた.2002年2月,渡米し,大学教授としての年俸は22万ドル(日亜時代の約2倍)である.日亜は "中村氏が青色LED関連の研究をしない" ことを条件に,退職金として6,000万円を用意し誓約書を求めた.これを中村氏が拒否したときに,日亜は中村氏を "企業秘密漏洩" で訴えた.この日亜の訴訟行動に対する中村氏の対抗措置としてこの青色LED裁判が始まった.

中村氏は著書に,つぎのように書いている[7].

> 自分のやりたいこと,好きなことをやり通すためには,時に障害を排除しなければならない.日亜化学という存在は,私が自分の好きなことをやる大きな障害となっているのだ.自分の好きなことをやるために必要な行動を起こす.それが,私が提訴した最も大きな理由である.

中村氏は裁判が始まるまでは特許は会社のものと思っており[8],相当対価も20億円であった[9].仮に20億円でまとまっていたならば,青色LEDの世界的寄与と,中村氏の研究における特殊な境遇を考えれば,産業界も納得でき,多くの研究者の地位向上につながる訴訟になったと考える.しかし一審は,大方の予想を超える600億円という算定を出した.

産業界はこの金額に驚き "相当対価" を真剣に考えるようになった.経営者は開発行為を企業リスクの一つとして認識するようになり,優秀な研究者を

---

6 毎日新聞,2005年1月12日3面「高裁説得で劇的減額」.
7 中村修二『すきなことだけやればいい』バジリコ社,212頁(2002).
8 中村・升永,前出39頁.
9 中村,前出211頁.

確保するために発明褒賞制度の見直しなど処遇改善を真剣に検討することになった.

　元をたどれば, 研究者の知的活動に対する評価が低すぎたことが原因である. 個人の能力差が大きい研究開発の分野で, 名誉の授与で済ませて, 研究者への実利供与をおろそかにしてきたことの結果である. 日経エレクトロン誌が 2001 年に行った調査では, 「会社は技術者を大事にしているか」という問いに, 米国の 82％が賛同に対し, 日本では 48％しか賛同していない. 転職回数に関しても, 米国が 3 回以上が 48％に対し, 日本では「ゼロ」が 69％であった. また, 当時の特許出願に伴う報奨金は, 申請時 5,000 〜 1 万円, 登録時 1万〜 2 万円が主で, 39％が報奨金は少ないと答えている[10].

　優れたアイデアや発想は個人によってなされる. 個人を処遇していくことが, 今後の研究開発に必要なことである. 中村裁判が提起している問題は, 研究者のみならず, 技術者全体の処遇に関わる重要な問題である.

　日本がフロントランナーとなった現在, 「研究者には給与を払っているのだから成果を出して当然」という考え方では技術競争に勝ち残れない. 優秀な研究者を集めるにはそれなりの報酬と処遇が必要である. ある国立大学の理系学部と文系学部出身者の生涯賃金を比べたら, 理系が 5,000 万円も少なかったというデータもあるように, 技術系の処遇改善が求められている[11].

（5）　相当対価

　西村肇 (東京大学名誉教授) は, 一審における「相当対価 50％」の妥当性を論じている[12]. 西村は研究者の論文共著者の役割と貢献度を基に, 中村氏の貢献度を 40％と算出した. 結論を引用する.

> 　青色 LED には自己の意思を実現しようとする 3 人の人物, すなわち発明者, 事業化リーダー (企業化リーダー), オーナー経営者がいます. 中村修二を代表とする発明者, 事業化リーダー小山稔, オーナー経営者小川信雄と小川英治の貢献度の比は, 4：2：2 である. 発明者 50％, 事業化リーダー 25％, オーナー経営者 25％です. 発明者の中における中村修二の貢献度は 75 〜 80％ですから, 中村修二の貢献度は 40％です[13].

10　毎日新聞科学環境部, 前出 38 頁.

11　同上, 15 頁.

12　西村 肇『人の値段　考え方と計算』講談社, 177 頁 (2004).

13　同上, 183 頁.

青色LEDにおける中村氏の貢献度を一般の事例よりも高く評価していることについて，つぎのように説明している[14].

> ライバルのことはライバルが知る．彼らから "中村さん以外に○○さんという日亜の研究者が頑張った" という声は聞いたことがない.
>
> 発明は個人の力，大きく育てるのは組織の力である．事業の成功に不可欠な "ひらめき"，"ビジョン"，"決断" というようなものを "意思" と呼べば，意思は優れた個人が成しえるものであって集団討議の結果出てくるものではない.

（6）　ノーベル賞の評価

2014年のノーベル物理学賞が赤﨑勇・名城大学教授，天野浩・名古屋大学教授，中村修二・米カリフォルニア大学教授に授与された．新技術の研究開発・特許をめぐる状況が，つぎのように描写されている[15].

> 師弟関係にあった赤﨑氏・天野氏と，中村氏とは研究上のライバルといえる．窒化ガリウムを原料とする青色LEDの研究では，まず赤﨑氏・天野氏が，1980年代後半に豊田合成，新技術開発事業団と組んで先行し，「窒化ガリウム」という材料を使い，明るい青色を放つのに成功した.
>
> しかし，日亜化学で同様の原料に注目した中村氏が研究で急追し，安定して長期間光を出す青色LEDの材料開発に乗り出し，素子を作製した．量産化に道を開き，日亜化学が93年に青色LEDを製品化し，当時世界最高の輝度を実現した青色LEDの量産技術の開発に成功した.
>
> こうした過程で，赤﨑氏と提携した豊田合成と，中村氏が在籍していた日亜化学は，互いに特許侵害を主張して，96年にまず日亜化学が豊田合成を提訴し，97年には豊田合成が日亜化学を提訴した．2000年に東京地裁が日亜化学側勝訴の判決を出したのち，2002年に，互いに特許を利用し合い，必要な場合にはライセンス料を支払うことなどで合意した.

14.3　新潟鐵工所資料持ち出し事件

1982年，総合重機械メーカーの大手，新潟鐵工所でCAD（Computer Aided Design）システム（コンピュータ利用による自動設計製図）を開発していた部長代理と課長は，会社のソフトウェア事業に関する方針に不満を持ち，退職して自分たちでソフトウェア会社を設立する計画を立てた．そして新しい会社

14　西村，前出132頁.
15　日本経済新聞，2014年10月8日1面「ノーベル賞 赤﨑・天野・中村氏」.

で販売するために，新潟鐵工所[16]で自分たちが開発した CAD システムのソースコードやオブジェクト・モジュール，関連資料一式を，会社に無断で持ち出した．

新潟鐵工所は，2 人の持ち出し行為が業務上横領に当たるとして告訴した．CAD システムの著作権が新潟鐵工所のものなのか，開発した部長代理や課長のものなのかが争われることになった．

著作権法 15 条によれば，会社が従業員に作成させた著作物は，（1）会社の発意，管理のもとに，（2）従業員が職務上作成し，（3）会社名で公表されるものであって，（4）就業規則や契約で著作権が従業員個人のものになると定めていない限り，その著作権は会社に帰属する．

これに対し被告人は，ソフトウェアは新潟鐵工所の名前で公表されておらず，（3）の要件（公表要件）を欠いているので，その著作権は自分たちに帰属すると主張した．

裁判所は，一般企業の業務用ソフトの多くが公表されてない現実を考慮．仮に公表するとすれば会社名を使うと考えられる場合には公表要件を満たす，という法律解釈を示した．そのうえでソフトの著作権は，新潟鐵工所に帰属すると判断した[17]．

この事件の技術者の法的責任について，新聞はつぎのように解説している[18]．

> 今回の事件は，実質的には，新潟鐵工所が企業として開発した CAD システムという技術情報の「盗み出し」である．しかし，情報自体を盗み出すことについては，刑法のうえでは，罰則規定はない．「企業秘密漏示罪」は，まだ，刑法改正論議の対象にとどまっている．このため，摘発では，約 20 億円の開発費を投じた CAD システムなどの設計書のコピー自体を新潟鐵工所の「財物」と認定．部長代理らは，同社の開発部門の責任者としてこれを保管すべきであったのに，勝手に社外に持ち出したとして，「業務上自己の占有する他人の物を横領」という刑法 253 条の業務上横領罪に問うた．

判決では，持ち出した資料はコピーしてから元に戻したがその持ち出しが横領とされた．部長代理ら 3 人は懲役 2 年 6 月〜 1 年，執行猶予 3 〜 2 年，控訴は棄却されてこの刑が確定した．このようにいうと，持ち出した技術者

16　当時，東京証券取引所第 1 部上場の有力企業だった．2001 年，会社更生法の適用を申請して倒産し，IHI（旧・石川島播磨重工業），日立造船などに事業を譲渡した．

17　東京高等裁判所 1985 年 12 月 4 日判決，判例時報，1190 号，143 頁．

18　朝日新聞，1983 年 2 月 9 日 23 面「20 億円の『ソフト』横領」．

たちが 100％悪人のように思えるかもしれないが，裁判所は執行猶予とするについて，つぎのように情状を酌量している．

> 被告人らの経験および能力からすれば，本件資料の内容をコピーして持ち出さなくても，自分らの頭脳だけでいっそう高性能のシステムを開発することが可能であり，現に被告人らは，そのような高性能の新システムの開発を計画していたのであるが，新会社の発足にあたり…いわばその間のつなぎとして，新潟鐵工所で開発したシステムをそのまままたは少し手直しして用いるという安易な手段を選び本件犯行に及んだものと認められる．（中略）他人のアイデアを盗み，もっぱらこれに頼って事業を営もうとしたものではない点において，たとえばいわゆる産業スパイなどの場合と比べると，行為に対する社会的評価も自ずと異なり，動機についても酌量の余地があると思われる．

この判決には，"設計書という有形の「財物」は会社のものだが，「自分らの頭脳」にあるものは技術者たちのものであり，産業スパイなどと比べて「行為に対する社会的評価も自ずと異なる」" という考えが読みとれる．

(討論 1)　技術者は，在職中に得た知識と経験を，退職後も利用することをどのように考えるか．

14.4　特許，営業秘密など知的財産の話題

2002 年に「知的財産基本法」が制定され，知的財産権という総称が定着したとみられる．

知的財産権

知的財産権とは，「知的財産に関して法令により定められた権利または法律上保護される利益に係る権利をいう」（知的財産基本法 2 条 2 項）．主なものを一覧表に示した（表 14.1）[19].

国際間に条約があり，一方の 1883（明治 16）年のパリ条約は，最終 1979 年に修正され今日に至る．工業所有権に関するもので，「特許，実用新案，意匠，商標，サービス・マーク，商号，原産地表示または原産地名称および不正競争の防止に関するもの」（パリ条約 1 条 2 項）を対象とする．

他方は，ベルヌ条約（日本は 1899 年加入）および 1952 年の万国著作権条約が，

19　杉本泰治・安藤正博「知的財産権について」杉本泰治・高城重厚・橋本義平・安藤正博『大学講義 技術者の倫理 学習要領』丸善出版，331 頁（2012）．

表 14.1　知的財産権の種類[19]

権利（法律，所管）		対象	存続期間
著作権 （著作権法，文化庁）		思想または感情を創作的に表現したものであって，文芸，学術，美術または音楽の範囲に属するもの（著作物という），コンピュータのプログラムやデータベースも含まれる．	創作時から著作者の死後50年．法人著作物と映画は公表後70年
工業所有権	**狭義の工業所有権** 特許権 （特許法，特許庁）	自然法則を利用した技術的思想の創作のうち高度なもの（発明）	出願日から20年
	実用新案権 （実用新案法，特許庁）	自然法則を利用した技術的思想の創作のうち，物品の形状，構造または組合せに係るもので，産業上利用することができる考案	出願日から10年
	意匠権 （意匠法，特許庁）	物品の形状，模様もしくは色彩またはこれらの結合であつて，視覚を通じて美感を起こさせるもので，工業上利用することができる意匠	設定登録の日から20年
	商標権 （商標法，特許庁）	文字,図形,記号もしくは立体的形状,もしくはこれらの結合，またはこれらと色彩との結合であって，商品または役務について使用をするもの	設定登録の日から10年．更新可能
	産業上のその他の権利 回路配置利用権 （半導体集積回路の回路配置に関する法律，経済産業省）	半導体集積回路の回路素子や導線の配置パターン	設定登録の日から10年
	植物新品種の育成者権（種苗法，農林水産省）	農産物・林産物・水産物の生産のために栽培される植物の新品種	品種登録の日から25年（永年性植物は30年）
	不正競争防止法上の権利 （不正競争防止法，経済産業省）	周知ないし著名な商品等表示の利用,商品形態の模倣，営業秘密の不正利用，ドメイン名の不正取得，などの禁止	—
	商号権 （商法，法務省）	商人が自己を表わす名称	—

著作権を対象とする．

知的財産の性格

特許権が成立する過程を，手続の逆の順に並べると，つぎのようになるであろう（「P」は patent の頭文字を記号に用いてある）．

P1　特許権

P2　出願審査の請求がなされ，その査定前（特許法51条）の発明

P3　出願公開（同64条）されて，その期間中の発明

P4　出願したが未公開の発明

P5　出願準備中の発明

P6　研究は完成したが，出願に至らない発明

P7　研究中の発明

P8　研究に着手した事項

P9　アイデアの段階で，研究着手に至らない事項

すなわち，P3 で公刊され，P2, P1 は公刊状態にあり，少なくとも P5 以前（上記の順番では P5 以降）は秘密のノウハウの状態にある．企業では，新規の知識のすべてを特許出願するのではなく，重要な部分を秘密のノウハウとして留保したまま利用する．

知的財産には，特許権，著作権など法定の権利になった部分と，ノウハウといわれる部分とがある．発明対価の係争は，法定の権利のみを対象にしていて，発明者の頭脳に残るノウハウは別問題である．

技術流出・営業秘密保護

2014（平成 26）年 9 月，経済産業省は，技術流出・営業秘密の保護強化について発表した[20]．大型の技術流出事例が相次いで顕在化し（表 14.2），米国などの事情を考えれば氷山の一角に過ぎないとの認識からである．特許制度を

表 14.2　主な技術漏えい事例[20]

問題となった時期（起訴時期等）	漏洩企業（漏洩情報）	流出先	対応
2007 年	デンソー（産業ロボットエンジンの図面等）	企業への流出なし	刑事告訴：起訴猶予
2007 年	ニコン（可変光減衰器（VOA）用部品）	在日ロシア人？	刑事告訴：起訴猶予
2011 年	三菱重工業（原発プラントの設計情報・防衛装備品情報）	（サイバー攻撃）	
2012 年	ヤマザキマザック（工作機械（旋盤）の図面情報）	企業への流出なし	刑事訴訟（一審判決）：懲役 2 年，執行猶予 4 年，罰金 50 万円
2012 年	新日鉄住金（方向性電磁鋼板技術）	ポスコ（韓）	民事訴訟（約 1,000 万円の賠償請求中）
2012 年	ヨシツカ精機（自動車用エンジン部品等を製造するプレス機の設計図）	中国企業	刑事告訴（懲役 2 年，執行猶予 3 年，罰金 100 万円）
2014 年	東芝（NAND 型フラッシュメモリの製造技術）	SK ハイニックス（韓）	刑事訴訟（現在公判前整理手続）；民事訴訟（約 1,100 万円の賠償請求中）
2014 年	日産自動車（自動車の販売計画等）	いすゞ自動車	刑事告訴（処分保留）

（出典）経産省作成（各種報道等による）

20　経済産業省「技術流出・営業秘密保護強化について」（平成 26 年 9 月）．

表 14.3　権利化と秘匿化との使い分け [20]

	特許化	秘匿化
メリット	①事前の審査を通じ, 権利の内容が明確となる. ②登録等を通じ, 権利の存在が明確化 ③一定期間, 譲渡可能な排他的独占権を取得できる.	①保護期間の制限なく, 差別化を図れる. ②自社の事業戦略の方向が明らかにならない. ③失敗したデータ等, 特許になじまないノウハウ等に適している.
デメリット	①出願内容の公開が前提であるため, 開発動向を知られたり, 周辺特許を取得される可能性等がある. ②保護期間が満了したら, 誰でも使用可能	①他社の独自開発やリバースエンジニアリングにより, 独占できなくなることがある. ②適切な管理をしていないと法律による保護が受けられない.

巡る環境変化などを背景に「技術の秘匿化」が重視される傾向があり,（公開前提の）権利化と技術の秘匿化が両輪となる新たな知的創造サイクルの確立に向けた環境整備の必要が指摘されている（表 14.3）.

　もし, 発明のすべてが特許になっていれば, 青色 LED の企業が, 開発者である中村修二氏に「秘密保持契約にサイン」を求める必要もない. しかし, 特許化は, 見方を変えれば情報公開である. すべてをノウハウとして保持でき, その流出を防止できるなら, 必ずしも, 特許化が知的財産保護に有効な手段ではない.

　発明は, 人の知的活動によって生じる知的財産である. そのうち, 特許出願された部分は書面になって外に出るが, それ以外の部分や基本思想は, 発明者の頭脳のうちに残る. その部分こそが, 企業が最も重視しなければならないものである.

　ここに, 技術者が在職中に蓄積したノウハウ技術の流出が問題となる背景がある. 新潟鐵工所資料持ち出し事件は, 文書化された有形のものは企業の財産といえるが, 発明者の頭脳にあるものはその人のものという判断である. 同様に青色 LED の和解は, その後の研究の自由を認めた事例といえる.

職務発明の対価

　青色発光ダイオード特許裁判の第一審判決後, 判決の根拠となった特許法第 35 条を見直す動きが起き, 2005 年 4 月施行の改正となった. 職務発明について,「対価に対する発明者の納得感が低い」（発明者）,「裁判で決定される対価の額の予測が出来ず, 法的安定性が低い」（企業）などの問題が指摘され, 発明者と使用者のバランスに配慮した [21].

　21　特許庁「特許審査の迅速化等のための特許法等の一部を改正する法律（特許審査迅速化法）について」（平成 16 年 5 月）.

表 14.4　特許法 35 条の改正

	改正前	改正特許法
対価の額	①社内規定により，従業員の発明を会社の特許にすることができる. ②従業員は会社から相当の対価の支払を受ける権利がある. ③対価の額は，会社が発明で受けた利益などを考慮し，裁判で決める.	①②は，改正前のとおり. ③対価を決定する基準が，会社・従業員間の協議で決められ，その基準が開示され，かつ対価の額の算定について従業員から意見を聞いている場合，その額が尊重される. ④その額が不合理な場合，裁判で決める.

従来，職務発明の対価は，（当事者間で合意が成立しなければ）裁判所が決めることになる．改正の前後の比較を一覧表に示す（表 14.4）．改正によって，使用者・従業者間の協議で決めた対価は尊重することになり，その額が不合理な場合にのみ，裁判所が決めることになった（同条 5 項）.

特許係争の課題

何事によらず権利を主張し確保するのは容易ではない．第 1 に，企業では係争に人的，経済的資源を費やしても，事業上の経費として支出できるのに対して，発明者個人はそうはいかない.

第 2 に，企業は経営者団体など産業界の支援があり，その砦に守られている面があるのに対して，発明者の技術者にそのような支援は期待できない.

第 3 に，訴訟は，法律家が支配する．裁判官は中立で，双方の代理人弁護士が対峙する構図（前出 125 頁参照）ではあるが，法律家には法律家コミュニティの常識や共通の利益といったものがあり，ときに，技術者の思惑と一致しない方向へ進行することがあるので注意しなくてはならない.

14.5　まとめ

技術者が，専門とする科学技術を職業に生かすところまでは，通常の努力で可能でも，財産的権利を守り，その果実を手にするには，法律・経済・金融など社会の他の領域とのかかわりに対処する努力を必要とする.

初めて日本で勤務したのは92年から94年まで。当時は韓国人が部屋を借りるのもひと苦労でした。いまでは韓国人や韓国の文化に対する日本人の視線は本当に変わりました。空気を一変させたものの一つとして「冬のソナタ」の影響は大きかった。韓流ブームを通じて、日本人が韓国人を理解してくれたと思います。

それは韓国人も同じです。韓国でも「日流」は人気で、ケーブルテレビやネットで日本のアニメはよく見られています。

文化は水のようなもの。どちらか一方にだけ、流れはしません。双方に染みわたり、浸透するものだと思います。

駐日韓国大使館　韓国文化院長　沈　東燮さん

朝日新聞、二〇一五年三月十四日夕刊四面
「韓国でも『日流』が人気」（抜粋）

第 15 章　技術者の国際関係

　技術者は，科学技術という普遍性のある能力をそなえ，世界のどこでも仕事をすることができる．それには国際的な感覚（＝意識）が必要とされる.

15.1　国際間の地域統合——EU を例に

　欧州連合（EU, European Union）の生い立ちは（表 15.1），"世界は動く" ことを実感させる．欧米の人々と対話したり交渉したりする場合に，暗黙の前提となる事柄であり，いつの日か，日本を含むアジアの地域の人々の間にありうることかもしれない．よく見ると，これに携わる人々の対人関係，相互の信頼関係が関わるというモラル問題でもある.

欧州連合（EU）

　1950 年 5 月 9 日，当時のロベール・シューマン仏外相が，「シューマン宣言」といわれる経済統合の構想を発表した．「欧州統合の父」とされる仏計画庁長官（当時）ジャン・モネが起草したリポート用紙 2 枚の宣言が，約 1 年後，欧州石炭鉄鋼共同体の設立条約（パリ条約）の調印となり，欧州統合の出発点となった．EU では毎年 5 月 9 日をヨーロッパ・デーとして祝っている.

　シューマン宣言は，目的を要旨つぎのように説く[1].

　　　世界平和は，それを脅かす危険に見合った創造的な努力を傾けることなしに守ることはできない．… フランスはこれまで 20 年以上にわたってヨーロッパ統合の先頭に立つという役割を自らに課し，平和に貢献することを常に基本的な目標として掲げてきた．しかし，ヨーロッパの統合は実現せず，われわれは戦火を交えた.

　　　ヨーロッパの国々が結束するためには，フランスとドイツの積年の敵対関係が解消されなくてはならない．いかなる行動が取られるにせよ，まず第一にこの両国がかかわっていなくてはならないのである.

　　　この目標を念頭に，フランス政府は…提案する．すなわち，ヨーロッパの他の国々が自由に参加できるひとつの機構の枠組みにおいて，フランスとドイツの石炭および鉄鋼の生産をすべて共通の最高機関の管理下に置くことを提案する．石炭と鉄鋼の生産を共同管理することにより，

1　駐日欧州委員会代表部ホームページ.

表 15.1　欧州統合の主な出来事

1950 年	5 月シューマン宣言
51 年	4 月フランス，ドイツ，イタリア，オランダ，ベルギー，ルクセンブルクが欧州石炭鉄鋼共同体 (ECSC) 設立条約（パリ条約）調印
57 年	3 月欧州経済共同体 (EEC) と欧州原子力共同体の設立条約（ローマ条約）調印
61 年	8 月(東ドイツが最初の「ベルリンの壁」の建設を開始)
67 年	7 月三つの共同体の組織を一本化（欧州共同体 =EC の発足）
68 年	7 月 EEC の関税同盟が完成
73 年	1 月英国，アイルランド，デンマーク加盟
79 年	3 月欧州通貨制度が発足
	6 月第 1 回欧州議会直接選挙
81 年	1 月ギリシャ加盟
86 年	1 月スペイン，ポルトガル加盟
	2 月単一欧州議定書に調印
89 年	11 月(「ベルリンの壁」解消)
92 年	2 月欧州連合条約（マーストリヒト条約）調印．発効は 93 年 11 月（欧州連合 =EU の発足）
93 年	1 月市場統合
95 年	1 月オーストリア，スウェーデン，フィンランド加盟
97 年	10 月アムステルダム（新欧州連合）条約調印
99 年	1 月単一通貨ユーロ導入
2000 年	12 月再改正欧州連合条約（ニース条約）合意（03 年 2 月発効）
2002 年	1 月ユーロ紙幣・硬貨の流通開始
2004 年	5 月中東欧のポーランド，チェコ，スロバキア，ハンガリー，スロベニア，エストニア，ラトビア，リトアニア，マルタ，キプロスの 10 カ国を加え 25 カ国体制
2004 年	10 月欧州憲法制定条約調印
2007 年	ルーマニア，ブルガリアを加え 27 カ国体制
2007 年	2 月リスボン条約（ニース条約に代わる EU 基本条約．EU 大統領制，EU 外相ポストなどを新設し，政治統合と外交力の強化を進める）調印
2009 年	ギリシャ，アイルランド，ポルトガル，スペイン，イタリアの債務危機
2010 年	5 月欧州金融安定化メカニズム・欧州金融安定基金
2013 年	クロアチア加盟（全 28 カ国となる）
2013 年	12 月アイルランド，経済調整計画完了し債務危機脱出
2014 年	1 月スペイン，経済支援完了により債務危機脱出
2015 年	7 月ギリシャへの金融支援について合意し危機回避

　ヨーロッパの連邦化に向けた第一歩となる経済発展の共通基盤が築かれるはずであり，ひいては，長きにわたって武器・弾薬の製造に躍起になり，絶えず自らその犠牲者となってきた地域の運命を変えることになる．このようにして共同生産性が確立されることにより，単純明解に，フランスとドイツの間のいかなる戦争も想像すらできなくなるばかりでなく，… そのことが長く血で血を洗う抗争を繰り返してきた国々の間にもっと寛大で深化した共同体を育てていく力になるかもしれない．

　基幹生産物を共同管理し，… 参加国に対して拘束力のある決定権を持つ最高機関を創設することにより，この提案は…ヨーロッパの連邦化における初めての実質的な基礎の実現につながることになる．（以下略）

この明確に規定された目的の実現を促すため，シューマン宣言は，最高機

関の任務として，つぎのことをできる限り短期間に確保することとした.

① 生産の近代化と品質の向上
② フランスとドイツの市場とともに，他の参加国の市場へ，同一条件での石炭と鉄鋼の供給
③ 他の諸国に対する輸出の，共同による振興
④ これら産業で雇用される労働者の生活条件の均一化と改善

それから半世紀の間に，ここに掲げられていない通貨統合（単一通貨「ユーロ」）にまで進んだ.

モネやシューマンが考えたことは，だいたい実現した. 仏独は仲良くなり，西欧には平和が定着した. 経済統合は東側の変化を促し，予想しなかった 1989 年以来のソ連・東欧の全面的な体制崩壊となり，一発の銃弾も飛ばないまま冷戦が終わった（ジャン・モネ協会のロベール・トゥルモン理事長）[2].

2004 年 5 月，中東欧など 10 カ国が加盟し，冷戦による東西分断を最終的に克服して，25 ヵ国体制の「大欧州」が誕生した（表 15.1 参照）. 発足以来，ブリュッセルに本部を置き，最高機関というのは，欧州議会，閣僚理事会，それに行政執行機関の欧州委員会である.

EU の法制

EU には，直接に加盟国や市民を拘束する「規則」と，加盟国に立法措置を命じる「指令」とがある. PL（製造物責任）法の場合，当時の EC の指令に従って，加盟各国の PL 法が制定された.

フランスで適用される法令のうち，政府独自の方針や仏国会の論議のみにもとづくものは激減している. EU の「規則」と，「指令」にもとづいてつくられる国内法は，2002 年時点で 7 割にのぼる[3]. EU のどこでも，蛇口をひねれば水が出る. 1975 年から，川や湖など水源地の水質は，各国政府や地元自治体ではなく，欧州委員会が規制している.

言語の課題[4]

欧州統合は，経済の統合を目指すが，言語までも統一しようというのでは

2 朝日新聞，2000 年 5 月 9 日 9 面「欧州統合の半世紀」「地域統合の経験，世界に」.
3 同上，2002 年 4 月 20 日 6 面「フランスの曲がり角 /EU の影 下」.
4 日本経済新聞，1992 年 2 月 20 日夕刊 5 面「欧州統合へ翻訳機実用化」；同，2002 年 1 月 4 日 1 面「英語 / 各国語せめぎ合う欧州」；同，同年 3 月 22 日 7 面「EU 諮問会議 苦難の船出」；同，2004 年 5 月 13 日 3 面「拡大 EU 仏語危うし」.

ない. EU の公文書は, すべて公用語に翻訳される. 公用語は当初の 9 カ国語から 11 になり, 2004 年の 10 カ国加盟によって 20 カ国語になった. 公用語が英語, フランス語, ドイツ語, イタリア語, オランダ語, デンマーク語, ギリシャ語, スペイン語, ポルトガル語の 9 ヵ国語の頃, 各国語が 1 対 1 で対応するには 72 通りの翻訳が必要とされ, その難しさがいわれた.

　実務面では, EU 機関の会議や打ち合わせなど, フランス語か英語が使われることが多い. フランス語圏に属しないスウェーデン, フィンランド, オーストリアが加盟した 1995 年頃から英語派の勢いが強くなり始めた. 欧州委員会の定例記者会見でも, 中東欧出身記者が増えた 2004 年, 英語での質疑が増えている.

EU の連帯

　2008 年, アイルランドで「EU の政治統合で小国の声が埋没しかねない」との懸念が広がり, 同年 6 月, 国民投票でリスボン条約 (表 15.1 参照) の批准が否決された. 全加盟国の批准が必要であり, 日本では「EU 新体制, 暗礁に」と報じられたが[5], 現行のニース条約体制のままでも, EU 統合は十分に機能する. こうした波乱は今後もあるだろうが, EU が加盟国の不統一で崩壊するなどと予想する人は誰もいない.

　2010 年, 加盟国が EU への債務を返済できない債務危機が, ギリシャ, スペインなどで表面化し, 財政規律を重んじるドイツなど北部欧州と, 多額の債務に苦しむ南欧とが対立する問題をかかえる. 2015 年 7 月, ギリシャでは国民投票が, EU による金融支援の条件とされた財政緊縮策の受入れを否決し, ギリシャの "ユーロ離脱" が現実味を帯びたかに見えたが, 同月 13 日,「信頼の糸」をいかに修復するか, ドイツのメルケル首相やフランスのオランド大統領がギリシャのチプラス首相と妥協点を探り, 一転して EU 側と支援条件について合意し, 危機は回避された.

連帯, 宗教の壁越えて[6]

　　連続テロ事件が起きたフランス各地で 2015 年 1 月 11 日, テロに屈しない決意を示す大規模な行進があった. イスラム過激主義を背景に, 表現の自由を踏みにじり, 17 人の命を奪った現実に抗議の意思を表明した. 参加者は計 100 万人を超えた模様だ.
　　パリ中心部の共和国広場を起点とする大行進の最前列で, オランド大

5　日本経済新聞, 2008 年 6 月 14 日 7 面「EU 新体制 暗礁に」.
6　朝日新聞, 2015 年 1 月 12 日 1 面「「反テロ 100 万人行進」.

統領（仏），メルケル首相（独），キャメロン首相（英），ラホイ首相（スペイン），ポロシェンコ大統領（ウクライナ），ラブロフ外相（ロシア）らが腕を組んで行進した．パレスチナ問題では対立することの多いネタニヤフ首相（イスラエル），アッバス議長（パレスチナ自治政府）もいた．

　連続テロの最初となり，12 人が殺害されたフランスの週刊誌「シャルリー・エブド」への襲撃事件で，容疑者に射殺された警察官や，ユダヤ系食材スーパーで客を助けた店員は，イスラム教徒だった．警察官の弟さんは，「兄が，自由，平等，博愛という価値を守ってくれたことを誇りに思う．イスラム教徒と過激主義者は違う．どうか差別やイスラム嫌悪に向かわないでほしい」と訴えた．

国と国とが信頼で結ばれる地域統合は，アジアでもありうるだろうか．

　(討論1)　これから日本にとって，国際的に生き残っていくことが大事である．ドイツが EU で地位を確保しているのに比べて，日本の周辺は困難な状況にあり，その違いを認めたうえで，手を組む方策が必要ではないだろうか．日本では 2002 年，ドラマ『冬のソナタ』が放映され，心優しい日本女性をとらえた．両国の文化交流について韓国の沈 東燮さんの意見を，本章冒頭に引用した．その話題について，自由な討論をしよう．

15.2　多国間・二国間の協定

国際貿易ルールや市場自由化に関する多国間，二国間の協定は，技術業に深くかかわる．

WTO

第二次世界大戦が終わる前年の 1944 年，連合国 44 カ国によって，国際通貨基金（IMF），国際復興開発銀行（現世界銀行）と並び，GATT（関税及び貿易に関する一般協定）＊が創設された．無差別で自由な貿易を目指し，すべての加盟国に同等の貿易条件を与えること（最恵国待遇），輸入品を国産品と同様に扱うこと（内国民待遇），を原則とした．初め，関税率の引き下げが主なテーマだったが，その後，非関税障壁[7]などに重点が移る．

　1967 年，非関税障壁として工業標準（規格）の問題が取り上げられ，日本

7　貿易の対象には，モノとサービスがある．関税は，自由貿易に対する直接の障壁である．モノに適用される規格が異なるために輸出入が妨げられ，あるいはサービスに従事する人の流動化を入国条件の規制によって妨げるのは，「非関税」の障壁である．

＊ General Agreement on Tariffs and Trade.「ガット」という．

は JIS（日本工業規格）を国際規格と整合させるよう迫られる.

　1994 年, WTO（World Trade Organization, 世界貿易機関）が発足し. GATT の機能を引き継いだ. サービス, 知的所有権などに拡大し, 紛争解決メカニズムを強化し, 強固な推進体制が整備された.

　1995 年, WTO/TBT 協定（貿易の技術的障害に関する協定）[*] の発効により, 国際規格の重要性が飛躍的に高まる（このあとの「国際規格」の項へ続く）. 同年, GATS（サービスの貿易に関する一般協定）[**] で, サービスに, 専門職サービス（professional service）が含まれる. 日本では, 弁護士, 会計士, 建築士, 技術士, 医師, 医療従事者などが該当し, 技術者の流動化の促進はこれによるものとされた（前出 111 頁参照）.

FTA, EPA, TPP

　FTA（自由貿易協定）[***] は, 特定の国や地域との間で, いわば「二国間」で柔軟に, 迅速に進めることができる. WTO は, 加盟国・地域が多く（2015 年 7 月現在 161 カ国・地域）, 利害調整に手間取り, 交渉の足取りが重い. ただし, 二国間交渉を軸とする FTA は, 地域内でルールが入り乱れ, グローバル化の壁になるおそれ, あるいは, 協定外の第三国を相対的に差別するなどの問題がある. 貿易自由化という目標は同じだが, 全加盟国が等しく恩恵を受ける WTO と, 相手を特定して自由化措置をとる FTA との, 折り合いの問題である[8].

　FTA は, 物品とサービスについての貿易の自由化を目的として, 関税など貿易の障害の撤廃を目指すのに対して, EPA（経済連携協定）[****] は, 貿易の自由化に加え, 貿易以外の分野, たとえば人の移動, 投資, 政府間調達, などを含めて締結する包括的な協定である.

　WTO の方針による専門職サービスの流動化は, 二国間の EPA によって実現される. 日本におけるインドネシアなどからの, 看護師や介護福祉士の受け入れが, その例である.

　医師, 看護師などの排他的資格では, こうして二国間の EPA の対象になり, 日本側のそれら専門職団体との利害調整も必要とされる. 技術者の場合, 技

　8　日本経済新聞, 2004 年 12 月 28 日 7 面「揺らぐ WTO（上）FTA への傾斜強まる」；朝日新聞, 2005 年 1 月 7 日 8 面「摩擦避けつつ FTA を推進」.
　[*] Agreement on Technical Barriers to Trade
　[**] General Agreement on Trade in Services
　[***] Free Trade Agreement
　[****] Economic Partnership Agreement

術士が行う技術業の業務は，資格がなくても従事できるので，出入国管理法にもとづく法務省の在留許可による規制にとどまる．

TPP（環太平洋戦略的経済連携協定）* は，2006 年に参加のシンガポール，ニュージーランド，チリ，ブルネイの 4 カ国に加えて，米国，豪州，ペルー，ベトナムの 8 カ国で交渉が開始され，その後，マレーシア，メキシコ，カナダおよび日本が交渉に加わり 12 カ国で，アジア太平洋地域において高い自由化を目標とし，物品の関税のほか，非関税分野や新しい貿易課題を含む包括的な協定として交渉が行われている．

ASEAN, APEC

ベトナム戦争（1960 〜 73 年）を背景として地域協力の動きが活発化し，1967 年，バンコクで，インドネシア，マレーシア，フィリピン，シンガポール，タイの 5 カ国を原加盟国として，ASEAN（東南アジア諸国連合）** が設立され，その後，ブルネイ・ダルサラーム（84 年加盟），ベトナム（95 年），ラオス，ミャンマー（97 年），カンボジア（99 年）が加わり，10 カ国になった．

ASEAN 諸国は共同してつぎのことを目的とする．

・域内における経済成長，社会・文化的発展の促進
・地域における政治・経済的安定の確保
・域内諸問題の解決

APEC（アジア太平洋経済協力）*** は，1980 年代後半，外資導入によるアジア域内の経済成長，欧州，北米における市場統合が進むなか，アジア太平洋地域に，経済の相互依存にもとづく新たな連携・協力が必要とされ，日本からの働きかけもあり，1989 年，オーストラリアのホーク首相（当時）が提唱し，米国，ASEAN 等でも機運が高まり，同年，第 1 回 APEC 閣僚会議がオーストラリアで開催された．現在，加盟 19 カ国と 2 経済主体[9]からなる．

APEC は，太平洋の両岸の諸国を経済的に結びつけるという枠組みのもとに，メンバーを法的に拘束しない，緩やかな政府間の協力の枠組みであり，他のフォーラムに比べてより先進的な取組を行うことが可能とされる．APEC エンジニアの制度がある（前出 112 頁参照）．

9　オーストラリア，ブルネイ，カナダ，チリ，中国，インドネシア，日本，韓国，マレーシア，メキシコ，ニュージーランド，パプアニューギニア，ペルー，フィリピン，ロシア，シンガポール，タイ，米国，ベトナムの 19 カ国と，中国香港，チャイニーズ・タイペイの 2 経済主体．
* Trans-Pacific Strategic Economic Partnership Agreement
** Association of South East Asian Nations
*** Asia Pacific Economic Cooperation

15.3　国際規格

　工業などの国際規格は，計量，インターフェースの整合性の確保，製品の適切な品質の設定により生産効率の向上などの標準化[10]から，いまや安全・安心の確保，競争力の強化，多国間の貿易促進に主体が移り，企業の生存とそれぞれの国の繁栄をかけた戦場となっている．工業標準化は経済面ではつぎの意義がある．
- ・製品の適切な品質の設定
- ・製品情報の提供
- ・技術の普及
- ・生産効率の向上
- ・競争環境の整備
- ・互換性・インターフェースの整合性の整備
- ・品質と安全性の向上
- ・低コスト化と調達の容易さが進み，その結果として
- ・市場が拡大

この循環が続けば良好なサイクルに持って行けるはずであるが，標準化は必ずしも自社に好都合なものばかりではない．不本意な標準であったり，規格の使用料（ロイヤリティ）の支払いがあったりする．

　国際規格[11]には，その作成プロセスにより，デジュール規格（de jure standard），デファクト規格（de fact standard），それにフォーラム規格（forum standard）の種類がある[12]．

① デジュール規格（標準）

　"公的標準"ともいわれるデジュール規格は，代表的な制定機関である ISO[13]，IEC[14]，ITU-T[15] が，公的で明文化され公開された手続きによって作成する．各国に対応する組織があり，日本には日本工業標準調査会（JISC）がある．フィ

　10　標準化（Standardization）とは，「自由に放置すれば，多様化，複雑化，無秩序化する事柄を少数化，単純化，秩序化すること」．
　11　規格（Standards）は，標準化によって制定される「取決め」のことで「標準」ともいう．
　12　藤田昌三（経済産業委員会調査室）「国際規格の制定プロセスと国際標準化への取組」立法と調査，No.312（2011）．
　13　ISO（International Organization for Standardization）国際標準化機構　電気と通信を除く全分野．
　14　IEC（International Electrotechnical Commission）国際電気標準会議　電気および電子の技術分野．
　15　ITU-T　国際電気通信連合電気通信標準化分野―通信分野．

ルムの感度表示 (ISO400 など), 計量分野の SI 単位, マネジメント規格の ISO9001, ISO14001 はよく知られており, その他あらゆる分野に及んでいる.

② デファクト規格 (標準)

"事実上の標準" といわれるデファクト規格は, 実質的に世界市場で採用している「世界標準」である. 世界標準になるには厳しい市場競争が行われることがしばしばあり, 古くはビデオの VHS とベータの例がある. パソコンの CPU では, Intel 社製が世界標準となって久しい. マイクロソフト社 Windows のみならず, モトローラ社製 CPU を長年使用していたアップル社の Mac も, いまや Intel 社製 CPU を使用している.

③ フォーラム規格 (標準)

"フォーラム標準" は, いくつかの企業や団体が自主的に作成したもので, 開かれた公的手続きをもつが, ある限られた参加者のフォーラムが定めたものである. 規格を作成する団体に W3C[16], IEEE[17], ASME[18], ASTM international [19] などがある. 近年, インターネット関連, 通信, マルチメディアなど先端技術に関連するものの多くがある.

貿易と標準化

1995 年の前記 WTO/TBT 協定の発効により, 各加盟国は国内規格を国際規格に整合させることが義務づけられ, 世界市場における国際規格の重要性は飛躍的に高まった. 諸外国は標準化活動を戦略的に進め, 特許権を含む国際規格が増加した. マネジメント規格も出現した. ヨーロッパ各国は地域規格である欧州規格 (EN) をベースに一国一票性の優位を活かした戦略を進め, 米国は強い製品開発力で獲得したデジュール標準の強みを活かしながら, 国際規格の戦略的な重要性を意識して幹事国を多く引き受けてきたが, いまや中国と韓国の台頭がめざましく積極的に幹事国への機会を逃さないようにしている.

わが国は, 国際標準化に関する基本的なアプローチ (産業構造ビジョン 2010, 経済産業省) において, ①戦略重点分野の特定, ②全体システム思考の導入, ③標準化を経営の柱に, ④標準が存在しない新分野で「認証力」を通じた新市場創出, を掲げている [20].

---

16 World Wide Web Consortium
17 The Institute of Electrical and Electronics Engineers, Inc.
18 American Society of Mechanical Engineers 米国機械学会, 米国機械技術者協会ともいう.
19 米国試験材料協会
20 野田耕一 (経済産業省基準認証政策課 課長), パワーポイント「経済産業省における国際標準化への取組について」(2011 年 10 月 31 日).

低調な日本の国際標準提案

わが国では諸外国から規格を含む技術を導入する期間が長かったので，積極的に日本から海外に国際標準を提案するという意識が低かったこと，企業が優れた技術を開発しても，国内の同業企業の調整に多大な労力と時間を必要とすることが多い，などのため戦略的な国際標準化活動が低調である（表15.2）[21]．一業種多企業という日本の強みが，現行の国際標準提案制度では国内コンセンサス取りまとめに莫大な労力を要し，結果として他国に出遅れて日本発の国際標準ができないというジレンマになる．

マネジメント規格

マネジメント規格という新しいタイプの標準化が進んでいる．主要なものにつぎの規格がある．

ISO 9001	品質マネジメント（1987 年）
ISO 14001	環境マネジメント（1996 年）
OHSAS 18001	労働安全マネジメントシステム[22]
ISO 22000	食品安全マネジメントシステム
ISO 31000	リスクマネジメントシステム

マネジメントシステムでは，購入者の立場から，供給者が行わなければならない活動を文書（マニュアル）化して，供給者が作業を間違いなくやるように標準化すること，それを企業の内部で監査し，外部機関が認証する仕組みである．すなわち供給者がマニュアル通りにやったかどうかが，購入者を含む外部から求めがあればいつでも示せることで品質を保証できるという仕組み（システム）である．従来の日本では，供給者が誠実に良心的に作業してくれているはずだという信頼感が基底にあったが，生産活動のグローバル化，すなわち調達先のグローバル化でもあるが，購入者と供給者の個別信頼関係の醸成よりも，マネジメントシステム認証の有無で供給先の取捨選択が行われるように変わったのである．

安全に関する国際規格

品質が個々の企業の努力によって維持・向上されていたように，日本製の機械類の安全性は，それぞれの企業が保有する技術で製品に作り込まれていた．2003 年に 10 年の歳月を要した ISO12100-1, ISO12100-2[23] が公開された．

21　野田，前出．
22　ISO 45001, 2018 発行．
23　JIS B9700-1,-2:2004 機械類の安全性，設計のための基本概念，一般原則．

表 15.2 主要国の ISO・IEC における幹事国引受数（2010 年末現在）[21]

	ドイツ	米国	英国	フランス	日本	中国	スウェーデン
ISO	132	120	72	71	63	31	24
IEC	34	24	24	19	15	6	5
合計	166	144	96	90	78	37	29

機械類の安全性規格群は，ISO12100 をタイプ A 規格（基本安全規格）として
すべての機械類に適用できる基本概念，設計原則および一般的側面（要求事項
のこと）を規定し，タイプ B 規格（グループ安全規格）で広範な機械類に適用
できる安全面または安全防護物を規定し，タイプ C 規格（個別安全規格）で個々
の機械または機械群の詳細な安全要求事項を規定する規格群を階層構造とし
た．機械安全規格（ISO12100 群）の発行により，機械の安全についての標準
化が進み，供給者は規格に沿って設計すれば，世界で受け入れられる安全な
機械を製造し供給できるようになった．規格に適合していることの認証も受
けることができる．日本では任意規格であるが，ヨーロッパでは強制規格と
しての EN 規格である．また ISO12100 は，機械が包含するハザード（危険源
のこと）を予め分類し示すことにより，リスクアセスメント時のハザードを見
つけやすく（同定する）させ，見落とししないようにする役割を有する．

Guide50 子どもの安全

幼児・子どもを傷害から守ることは，周囲の人たちの責務であり社会の関
心事である．Guide50[24] は幼児・子どもが曝されているハザード，環境などを
できるだけ広い視野からとらえ，保育，教育，家庭，社会などあらゆる場で
子どもと関わりを持つ人たちへの，子どもの安全性向上のための指針である．
ISO/IEC Guide 71[25] は，高齢者や障害のある人々のニーズへの技術的な向き合
い方を示す．

国際標準化の動きは，製品技術に関する標準化だけでなく，このように企
業の熾烈な生き残り，国の繁栄に関わるグローバルな戦いの場であるが，環
境技術，安全，子どもの安全など，安心して暮らせるように標準を提供して
いる．これらは世界に通用する技術者の規範を提供するものであるし，判断
に困ったときの参考に使えそうな場面もありそうである．

---

24 Guide50 Safety aspects — Guidelines for child safety in standards and other specifications
25 高齢者および障害のある人々のニーズに対応した規格作成配慮指針．

15.4　国際化時代のコミュニケーション

　技術業をめぐる国際間のコミュニケーションには，技術者など本人の英語能力の問題と，日本人一般が日本語で国際情報を理解する問題とがある．

技術者など本人の英語能力

　理工系学部では，明治期に西洋をモデルに教育制度ができて，初めはドイツ語，第二次世界大戦後は英語での専門用語を，理系の専門科目の教員が日常の教育のなかで教えてきた．カタコトの英語でも専門事項について米国人と対話できるのは，その成果である．理工系学部教育の長所 [26] といえよう．実務に従事するには，つぎの助言が適切と思われる．

明石　康氏〔元国連事務次長〕に聞く [27]

　　グローバル化の時代を迎え，ひと，もの，カネ，アイデアの流れが国際的になり，インターネットが世界中に普及してコミュニケーションの流れが世界的になった．だが，日本がその流れから孤立しそうな不安を感じる．高等教育を受けた人の 10% ぐらいは，もっと実践型の英語を身につける必要がある．

　　国連で働く外交官は，お国なまりの英語を堂々としゃべっている．国連で重きをなす外交官は，英語が流ちょうだからではなく，内容で勝負している．…多くの人にとって英語はあくまで思想表現の手段．英語を使って，自分たちの専門領域について広く話すことが必要だ．いちいち通訳を入れると効率的ではない．

　　国連で最も微妙な大事な交渉や会話は，決して会議場でされるのではない．廊下のひそひそ話やレストランのくだけた会話，お手洗いでの会話だ．そこには通訳は連れて行けない．

　　なまりがあったっていい．むしろ，あった方がいい．考え方，感じ方が違うわけだから，英米人と同じ英語を話すと，考え方まで同じだと誤解される．使える英語を身につけるには，外国人といろいろな問題について話し合うことだ．そこで恥をかきながら覚えるしかない．

日本語による国際情報の理解

日本人が国際間の情報を利用するには，つぎの両方が必要である．

26　たとえば法学部の教育は，国内に特化し，このようなことはない．
27　朝日新聞，2000 年 6 月 9 日 16 面，シンポジウム「国際共通語としての英語」．

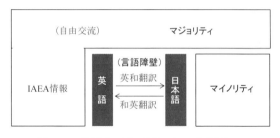

図 15.1　言語のマジョリティとマイノリティ

・国際共通語の英語で理解する.

・母語の日本語で理解する.

　つまり，国際間の交流は，英語のできる人が英語でやればよいというものではない．日本の国際交流は，日本国民のためのものだから，日本人が日本語で理解することが前提でなければならない．将来，どれほど英語の役割が増大しても，母語の日本語の役割が減少することはない．

　われわれは小説や詩など，外国の作品を翻訳を通じて日本語で読み，それが日本人の教養や文化になっている．前記の ISO 規格問題も，英語の ISO 規格を JIS 化することにより日本語で利用できる仕組みである．同じことが，人間の安全にかかわる重要情報にも必要だと思うのである．

　原子力安全規制の在り方について，1991 年の IAEA（国際原子力機関）の報告 INSAG-4 がある（前出 64 頁参照）．ISO 規格と違って，日本が取り入れることは義務ではないが，原子力安全に関する最高に重要な情報である．

　これはウィーンで発行され，英語，フランス語，ロシア語，およびスペイン語の 4 ヵ国語版が出ている．4 ヵ国語のどれかを母語とする人たちがマジョリティなら，日本人はマイノリティである．マジョリティの人たちは，自由に読めるが，マイノリティの日本人は，母語の日本語で読めない．危険を知らせる情報が，言語の障壁で遮断される（図 15.1）．その内容は，もし日本語になっていれば，普通の日本人も読める．英語に自信がなくても，原子力安全について真剣に考える日本人はいるのだ．

　本書では，原子力ないし福島原発事故との関連で，日本育ちの "安全文化" の問題点（第 6 章），コンプライアンス問題とうらはらに規制行政についての理解が進んでいないこと（第 10 章），などについて述べたが，この問題も重要と思うのである．

15.5　むすび——曽木発電所遺構のこと

この本のむすびに，著者の一人，高城重厚の業績を一つ紹介したい.

遺構の再発見

川内川は，熊本県の白髪岳（標高 1,417m）を源とし，鹿児島県に入り霧島高原の裾野を通って川内平野を下り，東シナ海に注ぐ. 大口市（現在は伊佐市）は川内平野の中心に位置し，川内川の中流にあり，そこに曽木発電所の遺構がある. 高城は大口で小中高校を終え，熊本大学へ進み，理学部化学科を卒業する.

高城は，地元でさえ忘れられていた曽木発電所遺構を "再発見" し，保存を提唱した. 2005 年 5 月，同志たちの「NPO 法人バイオマスワークあったらし会」[28]（理事長：出木場洋氏）が発足，この活動を支える. 同年 7 月から，「旧曽木発電所遺構保存工事」が始まり，2006 年，国の登録無形文化財に指定された.

科学技術の正と負の歴史

2000（平成 12）年の技術士法改正は，科学技術庁技術士審議会（当時）の審議に高城委員も参画し，その基本思想に，「技術が社会に及ぼす影響の大きさは，正の効果も負の効果も拡大する傾向にある」との認識があった. 水俣病が大きな社会問題となり，曽木発電所から日本の化学工業の正と負の歴史が始まったということが，彼が遺構保存を提唱する問題意識だった.

野口　遵の事業

1871（明治 4）年 7 月の廃藩置県で，加賀藩士野口之布は職を失い，73 年 7 月に長男，遵が生まれ，やがて東京へ転居する. 野口遵は，96 年に東京帝国大学電気工学科を卒業し，官僚や大企業に就職という当時の常識に逆らい，郡山電灯に技師長格で赴任する. 98 年，父死去により帰京し，シーメンス・シュッケルト日本支社に入社し，強電関係機器のセールス・エンジニアとして電気事業を修業する. 1902 年，同窓の藤山常一氏と共同で仙台・三居沢でカーバイド製造を始める. 1906 年，曾木に発電所をつくり金鉱山へ電力を供給する事業となる[29].

　その余剰電力を使ってカーバイドを生産するため，熊本県水俣村に工場を建設. さらにドイツからカーバイドを原料として空気中の窒素を吸収化合させる石灰窒素製法の特許を得た. この特許の獲得を，日本で狙っ

28　「あったらしい」は鹿児島弁で「もったいない」ことをいう.

29　河野満男「野口遵の生涯」日本化学会遺産委員会，市民講座「日本の化学工業：100 年の足跡」(2008).

ていたのは，三井の益
田孝，古河の原敬であ
る．「三井は日本一の
富豪だ．金はうんと出
すだろう．おれは貧
乏だ．しかし，カーバ
イドを扱ってきた経験
がある．明日からでも
この特許を実用化でき
る．三井がやるとすれ
ば，まず発電所からつ
くらねばならぬ．特許
だけ買ってもそれは死

図 15.2　曽木発電所遺構（高城重厚撮影）

物だ．金がほしいなら三井へ売れ．仕事本位ならおれにやらせろ」．野
口はドイツ側をこう説得したという．

　その後，イタリアから，新しいアンモニア合成法の特許の獲得にも成功．
それを宮崎県の延岡工場で実用化した．さらには合成ゴム，火薬，油脂な
ど数多くの新製品の製造を手がけ，アセテート，レーヨンを生産するなど，
野口の事業は，常に発電所と工場を車の両輪のようにして展開していく[30]．

　1940 年，野口は京城（現ソウル）で病に倒れ，「自分は結局，化学工業で今
日を成したのだから，化学方面に財産を寄付したい．それと，朝鮮で成功した
から，朝鮮の奨学資金のようなものに役立てたい」と，私財 3,000 万円のうち，
2,500 万円で化学工業を調査研究するための「財団法人野口研究所」が設立され，
500 万円を寄付して「朝鮮奨学会」の原資とした．「朝鮮で事業を展開してい
るうちに，郷土愛のようなものが芽生えたようだ．興南に本籍を移し，自ら唯
一の住所としたのもその表れだろう」（権碩鳳，朝鮮奨学会代表理事＝当時）[20]．

　百年余り前に，野口遵が曽木から出発して築いた事業は，現在のチッソ株
式会社のほか，旭化成，積水化学工業などへ続いている．

　遺志は生かされ，いまも「公益財団法人野口研究所」（東京都板橋区）は活動
を続ける．「公益財団法人朝鮮奨学会」（東京都新宿区）は，日本政府からも本
国の南・北の政府からも財政的援助を受けず，自主財源のもとに運営されて
いる[31]．

30　日本経済新聞，2000 年 3 月 6 日 19 面「20 世紀 日本の経済人 61 飛翔編『野口遵』」．
31　朝鮮奨学会，ホームページ．

事項索引

著者紹介

杉 本 泰 治　技術士（化学部門）
　　　　　　　T. スギモト技術士事務所
　　　　　　　e-mail: MXC05423@nifty.com

福 田 隆 文　博士（工学）
　　　　　　　長岡技術科学大学名誉教授
　　　　　　　e-mail: fukuda4267@gmail.com

森 山 　 哲　博士（工学）　技術士（電気電子部門，
　　　　　　　総合技術監理部門）
　　　　　　　（有）森山技術士事務所代表取締役
　　　　　　　（一社）安全技術普及会理事長
　　　　　　　e-mail: moriyama@safetyeng.co.jp

（故）高 城 重 厚　技術士（環境部門，化学部門）

第六版　大学講義　技術者の倫理　入門

令和6年2月25日　発　行

著作者　　杉本泰治・福田隆文
　　　　　森山　哲・高城重厚

発行者　　池 田 和 博

発行所　　丸善出版株式会社
　　　　　〒101-0051 東京都千代田区神田神保町二丁目17番
　　　　　編集：電話（03）3512-3265／FAX（03）3512-3272
　　　　　営業：電話（03）3512-3256／FAX（03）3512-3270
　　　　　https://www.maruzen-publishing.co.jp

© Taiji Sugimoto, Takabumi Fukuda, Tetsu Moriyama,
Shigeatu Taki, 2024

組版印刷・富士美術印刷株式会社／製本・株式会社 松岳社

ISBN 978-4-621-30911-7　C 3050　　　　　Printed in Japan